石墨烯基础及氢气刻蚀

王 彬　王宇薇　王雪娇　魏 颖　著

U0314845

北 京
冶金工业出版社
2019

内 容 提 要

石墨烯由于具有独特的晶体结构、优异的电学、光学和力学性质，在纳米电子器件和储能应用等诸多领域引起科研人员的极大关注。近年来，石墨烯的基础研究越来越深入，石墨烯器件的发展也随之突飞猛进。本书内容涵盖了石墨烯的晶体结构和电子结构、石墨烯的性质及应用、石墨烯的制备和表征，以及石墨烯的氢气刻蚀研究等。本书对推动石墨烯的基础研究，特别是石墨烯的制备和刻蚀方面有着重要的指导作用。

本书面对的读者大致可以分为两类：第一类是刚开始从事石墨烯材料相关研究的科研人员，本书可以为其提供目前石墨烯发展的一个全面的、具体的介绍，使其能够快速地掌握石墨烯的研究现状；第二类是与石墨烯二维材料具有一定联系的教育工作者或兴趣爱好者，可以作为材料科学领域课程的一部分，也可以作为一本相关的科普读物。

图书在版编目（CIP）数据

石墨烯基础及氢气刻蚀/王彬等著 . —北京：冶金工业出版社，2019.9

ISBN 978-7-5024-8197-1

Ⅰ.①石…　Ⅱ.①王…　Ⅲ.①石墨—纳米材料—研究　Ⅳ.①TB383

中国版本图书馆 CIP 数据核字（2019）第 176450 号

出 版 人　谭学余
地　　　址　北京市东城区嵩祝院北巷 39 号　邮编　100009　电话　(010)64027926
网　　　址　www.cnmip.com.cn　电子信箱　yjcbs@cnmip.com.cn
责任编辑　于昕蕾　美术编辑　吕欣童　版式设计　孙跃红
责任校对　郑　娟　责任印制　牛晓波
ISBN 978-7-5024-8197-1
冶金工业出版社出版发行；各地新华书店经销；三河市双峰印刷装订有限公司印刷
2019 年 9 月第 1 版，2019 年 9 月第 1 次印刷
169mm×239mm；9 印张；174 千字；133 页
45.00 元

冶金工业出版社　投稿电话　(010)64027932　投稿信箱　tougao@cnmip.com.cn
冶金工业出版社营销中心　电话　(010)64044283　传真　(010)64027893
冶金工业出版社天猫旗舰店　yjgycbs.tmall.com
（本书如有印装质量问题，本社营销中心负责退换）

前　言

　　本书介绍了目前石墨烯研究的发展现状，包括石墨烯的结构、性质、合成及在电子器件、热传导、场发射、传感器、复合物和能量存储等方面的应用。由于石墨烯具有独特的晶体结构、优异的电学、光学和力学性质，近年来，石墨烯成为材料科学领域的宠儿，研究人员对石墨烯进行了大量的研究工作。本书对推动石墨烯的基础研究，特别是石墨烯的制备和刻蚀方面有着重要的指导作用。

　　石墨烯是碳原子以六元环形式周期性排列形成的蜂窝状的晶格结构，具有非常大的电子迁移率、弹道运输特性、化学稳定性、高的热传导性能、高的透光率以及优异的疏水性，在过去的 6～7 年的时间里掀起了巨大的研究热潮，石墨烯被认为是 21 世纪材料领域的奇迹之一。石墨烯是由 A. K. Geim 和他的团队利用机械剥离法从石墨上首次获得的，他们的研究获得了世界范围的关注，也由于这个工作他们获得了 2010 年的诺贝尔奖物理奖。尽管在此之前石墨烯已经被人们所知道，但是 A. K. Geim 等的工作使研究人员对于石墨烯的兴趣达到了前所未有的高度。

　　在制备和应用方面，二维的石墨烯相比它的同素异形体一维的碳纳米管具有更大的吸引力。理想的石墨烯的电子迁移率能够达到 $2 \times 10^5 \, cm^2/(V \cdot s)$，利用这个性质可以设计出开关频率达到 300GHz 的独立的高频晶体管。另外，由于石墨烯具有较高的电流容量（$10^8 A/cm^2$）和较低的电阻率（$1 \mu\Omega \cdot cm$），能够避免信号连接中的电子漂移问题。石墨烯热平板由于其高热传导性，大约为 5kW/(m·K)，而显示出良好的前景。较高的透光率（大于 90%）和低于 $30\Omega/sq$ 的方块电阻使石墨烯成为制备透明电极的理想材料。单层石墨烯虽然只有一个原子的厚度，但是其具有相当好的机械强度（弹簧力常数为 1~5N/m，弹性系数大约是 0.5TPa）。石墨烯的比表面积高达 2630m²/g，因此石墨烯基化学传感器能够通过将化学反应转化为电信号来探测爆炸物和有毒的有机复合物等。利用石墨烯超电导薄膜作为电极能够极大地促进电池技术的发展，这种电池可以在短时间内提供巨大的能量。石墨烯具有较大的自旋扩散长度，因此，可以期望获得一个更高的自旋电子学的注入效率。

由于石墨烯优异的电学质量，对于石墨烯最初的定位是在数字逻辑电路中作为硅的替代材料。尽管这样，石墨烯最大的问题是它不具备半导体材料的带隙，即石墨烯为零带隙。另外，石墨烯基晶体管很难被关闭，在室温下其开关比高达 1000。为了稳定地将石墨烯的带隙打开 1eV，需要将石墨烯在原子尺度内加工到小于 2nm 的宽度，而石墨烯宽度的变化会引起带隙能量的误差。如果石墨烯纳米带的衬底不平整或者纳米带的边缘很粗糙，就会引起石墨烯电子迁移率的大幅度降低。因此，未来石墨烯纳米电子学的成功极具挑战性。

与其他制备石墨烯的方法相比，利用化学气相沉积（CVD）法在过渡族金属上制备大面积可转移的石墨烯薄膜有着明显的优势。但是，由于受到石墨烯生长条件以及成核机制的限制，CVD 法制备的石墨烯薄膜本身为多晶结构，这导致石墨烯基电子器件的性能与理想值差距很大，石墨烯晶体管的性能并没超过传统的单晶高迁移率的半导体材料（例如 III-V 族化合物半导体）。因此，石墨烯成为组成下一代电子器件的理想材料的目标并不是那么容易就能够实现的，其未来可能存在于其他地方，例如无源器件或对其能带隙变化不太敏感的元件。

本书涵盖了石墨烯的晶体结构和电子结构、石墨烯的性质及应用、石墨烯的制备和表征，以及石墨烯的氢气刻蚀研究等内容。全书分为 8 章：第 1 章介绍了石墨烯的发现以及石墨烯的研究背景；第 2 章介绍了石墨烯的晶体结构和电子结构，侧重点是石墨烯的电子结构及相关的计算；第 3 章介绍了石墨烯的性质及应用，详细介绍了石墨烯在电子器件领域的应用；第 4 章介绍了石墨烯的制备、表征和转移技术，重点介绍了利用 CVD 法制备石墨烯的发展现状，包括利用 CVD 法在金属衬底、绝缘衬底上制备石墨烯，利用 CVD 法制备大尺寸的石墨烯晶畴等；第 5 章详细介绍了利用 CVD 法在单晶 Mo 膜衬底上制备高质量石墨烯薄膜的过程，重点研究了生长参数对石墨烯薄膜质量的影响；第 6 章详细介绍了利用 CVD 法在抛光 Cu 衬底上制备高质量石墨烯薄膜的过程，重点研究了 Cu 衬底的粗糙程度对石墨烯薄膜质量的影响；第 7 章介绍了 CVD 石墨烯晶畴表面褶皱的 H_2 刻蚀现象，通过 H_2 刻蚀，重点研究了石墨烯表面褶皱的密度和形态分布规律以及褶皱结构发生 H_2 刻蚀的机理；第 8 章介绍了 CVD 石墨烯晶畴边缘的 H_2 刻蚀现象，通过 H_2 刻蚀，重点研究了降温过程对石墨烯晶畴边缘的影响以及不同刻蚀条件下石墨烯晶畴的形态变化。

本书在编写过程中参考了大量的著作和文献资料，在此，向工作在相关领域最前端的优秀科研人员致以诚挚的谢意，感谢你们对石墨烯的发展做出巨大的贡献。

随着石墨烯技术的不断发展，本书在编写过程中可能存在不足之处，同时，书中的研究方法和研究结论也有待更新和更正。由于作者知识面、水平以及掌握的资料有限，书中难免有不当之处，欢迎各位读者批评指正。

作　者

2019 年 4 月

目　　录

1 绪 论

碳（C）是一种非金属元素，位于元素周期表的第二周期第ⅣA族，它有两种稳定的同位素，即核自旋 $I=0$，核磁矩 $\mu_n=0$ 的 ^{12}C（98.9%的天然C），和核自旋 $I=1/2$，核磁矩 $\mu_n=0.7024\mu_N$ 的 ^{13}C（1.1%的天然C），其中 μ_N 为核磁子。与其他大多数的化学元素一样，C元素也起源于恒星的核合成。实际上，C元素在宇宙的化学演化中起着至关重要的作用。

在自然界中，C有多种存在形式，拥有很多性质各异的同素异形体，如柔软滑腻的石墨、高硬度的金刚石、坚韧的碳纳米管[1]和耐压的富勒烯[2]。

早在20世纪30年代，物理学家 R. E. Peierls 和 L. D. Landau 就提出严格的二维晶体材料在热力学上是不稳定的，在常温常压下会迅速分解[3,4]。1966年，N. D. Mermin 和 H. Wagner 提出的 Mermin-Wagner 理论也指出长的波长起伏也会使长程有序的二维晶体受到破坏[5]，所以作为三维材料的组成部分[6]，石墨烯一直作为理论模型来描述其他C基材料的特性，如图1-1所示。关于它能否独立稳定存在，科学界一直存在争论。许多科学家[7,8]试图通过各种办法获得石墨烯，结果都不太理想。直至2004年，来自英国曼彻斯特大学的科学家 A. K. Geim 和 K. S. Novoselov 所领导的团队利用胶带法得到稳定的石墨烯，并且在 Science 杂志上发表了第一篇关于石墨烯的论文[9]，这个惊人的结果在科学界引起了巨大的轰动，他们也因此获得了诺贝尔奖。

单层石墨烯虽然只有一个原子的厚度[10]，但是其具有相当好的机械强度[11]（弹簧力常数为 $1\sim5N/m$，弹性系数大约是 $0.5TPa$[12,13]）；石墨烯具有良好的导电性和导热性[14]，其电子迁移率在室温下约为 $2\times10^5cm^2/(V\cdot s)$[15~17]，而电阻率只有约 $10^{-6}\Omega\cdot cm$，导热系数高达 $5kW/(m\cdot K)$[18]；石墨烯的比表面积高达 $2630m^2/g$[19]。单层石墨烯的晶体结构中，导带与价带恰好相交于狄拉克（Dirac）点，因此，单层石墨烯被定义为半金属，通过掺杂，石墨烯可以形成 N 型[20]或者 P 型[21]的半导体。另外，石墨烯具有特殊的透水隔气的性能，绝大部分液体和气体都无法通过石墨烯薄膜逸出来，唯有水蒸气能够透过去[22]。

石墨烯特殊的结构和优越的性能使其在制造透明导电薄膜[23]、纳米电子器

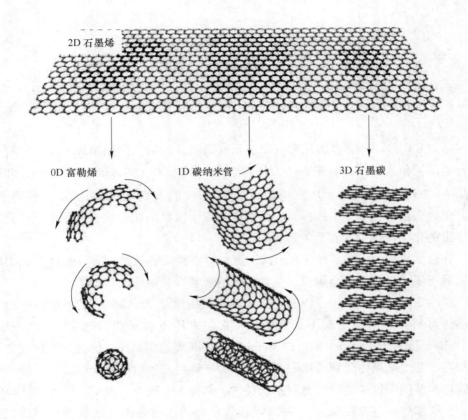

2D 石墨烯

0D 富勒烯   1D 碳纳米管   3D 石墨碳

图 1-1   石墨烯和其他 C 材料的关系

件[24~26]、储能材料[27,28]以及生物传感器[29~31]等方面拥有广阔的发展前景。然而材料的制备是系统研究其性能和应用的前提和基础，为了使石墨烯能够尽早实现工业化生产并且成功应用，如何提高石墨烯的质量，减小材料本身缺陷对器件的影响成为研究人员的工作重点。

石墨是层状结构，层与层之间以微弱的范德华力结合，施加外力便可以从石墨上撕出更薄的石墨层片。2004 年，来自英国曼彻斯特大学的 A. K. Geim 和 K. S. Novoselov 团队依据这个原理利用胶带法将一小片石墨粘在胶带上，对折胶带再撕开胶带，将石墨片分为两层，如此反复进行数次，得到越来越薄的石墨碎片，最后留下一些只有一个原子层厚的石墨烯碎片，图 1-2 是他们所获得的剥离到二氧化硅（SiO_2）衬底上的石墨烯薄膜的原子力显微镜（AFM）图像[32]。通过这种从三维石墨开始自上而下的剥离方法，避免了晶体稳定性的问题。

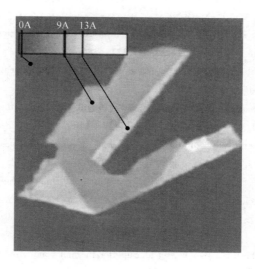

图 1-2　剥离到 SiO_2 衬底上的石墨烯晶体的 AFM 图像

参 考 文 献

［1］ Iijima S. Helical microtubules of graphitic carbon ［J］. Nature, 1991, 354: 56 ~ 58.

［2］ Kroto H W, Heath J R, O'Brien S C, et al. C60: Buckminsterfullerene ［J］. Nature, 1985, 318: 162 ~ 163.

［3］ Peierls R E. Quelques proprietes typiques des corpses solides ［J］. Ann. I. H. Poincare, 1935, 5: 177 ~ 222.

［4］ Landau L D. Zur Theorie der phasenumwandlungen Ⅱ ［J］. Phys. Z. Sowjetunion, 1937, 11: 26 ~ 35.

［5］ Mermin N D. Crystalline Order in Two Dimensions ［J］. Phys. Rev. , 1968, 176: 250 ~ 254.

［6］ Geim A K, Novoselov K S. The rise of graphene ［J］. Nat. Mater. , 2007, 6: 183 ~ 191.

［7］ Lu X K, Yu M F, Huang H, et al. Tailoring graphite with the goal of achieving single sheets ［J］. Nanotechnol. , 1999, 10: 269 ~ 272.

［8］ Zhang Y, Small J P, Pontius W V, et al. Fabrication and electric-field-dependent transport measurements of mesoscopic graphite devices ［J］. Appl. Phys. Lett. ,2005,86:073104 ~ 073103.

［9］ Novoselov K S, Geim A K, Morozov S V, et al. Electric field effect in atomically thin carbon films ［J］. Science, 2004, 306: 666 ~ 669.

［10］ Silvano L, Rosanna L, Paolo L, et al. Transfer-free electrical insulation of epitaxial graphene from its metal substrate ［J］. Nano Lett. , 2012, 12: 4503 ~ 4507.

[11] Wang Y, Yang R, Shi Z, et al. Super-elastic graphene ripples for flexible strain sensors [J]. ACS Nano, 2011, 5: 3645～3650.

[12] Lee C, Wei X, Kysar J W, et al. Measurement of the elastic properties and intrinsic strength of monolayer graphene [J]. Science, 2008, 321: 385～388.

[13] Frank I W, Tanenbaum D M, VanderZande A M, et al. Mechanical properties of suspended graphene sheets [J]. JVSTB, 2007, 25: 2558～2561.

[14] Rao C N R, Biswas K, Subrahmanyam K S, et al. Graphene, the new nanocarbon [J]. Journal of Materials Chemistry, 2009, 19: 2457～2469.

[15] Novoselov K S, Geim A K, Morozov S V, et al. Two-dimensional gas of massless dirac fermions in graphene [J]. Nature, 2005, 438: 197～200.

[16] Li X, Zhang G Y, Bai X D, et al. Highly conducting graphene sheets and langmuir blodgett films [J]. Nat. Nanotechnol. , 2008, 3: 538～542.

[17] Avouris P, Chen Z, Perebeinos V. Carbon-based electronics [J]. Nat. Nanotechnol. , 2007, 2: 605～613.

[18] Balandin A A, Ghosh S, Bao W, et al. Superior thermal conductivity of single-layer graphene [J]. Nano Lett. , 2008, 8: 902～907.

[19] Stoller M D, Park S, Zhu Y, et al. Graphene-based ultracapacitors [J]. Nano Lett. , 2008, 8: 3498～3502.

[20] Wei D, Liu Y, Wang Y, et al. Synthesis of N-doped graphene by chemical vapor deposition and its electrical properties [J]. Nano Lett. , 2009, 9: 1752～1758.

[21] Wu X, Pei Y, Zeng X C. B_2C Graphene, nanotubes, and nanoribbons [J]. Nano Lett. , 2009, 9: 1577～1582.

[22] Nair R R, Wu H A, Jayaram P N, et al. Unimpeded permeation of water through helium-leak-tight graphene-based membranes [J]. Science, 2012, 335: 442～444.

[23] Zhang Y B, Tan Y W, Stormer H L, et al. Experimental observation of the quantum hall effect and berry's phase in graphene [J]. Nature, 2005, 438: 201～204.

[24] Bunch J S, Verbridge S S, Alden J S, et al. Impermeable atomic membranes from graphene sheets [J]. Nano Lett. , 2008, 8: 2458～2462.

[25] Wu J, Agrawal M, Becerril H A, et al. Organic light-emitting diodes on solution processed graphene transparent electrodes [J]. ACS Nano, 2010, 4: 43～48.

[26] Kang J, Kim H, Kim K S, et al. High-performance graphene-based transparent flexible heaters [J]. Nano Lett. , 2011, 11: 5154～5158.

[27] Stoller M D, Park S, Zhu Y, et al. Graphene-based ultracapacitors [J]. Nano Lett. , 2008, 8: 3498～3502.

[28] Jiang H, Chemical preparation of graphene-based nanomaterials and their applications in chemical and biological sensors [J]. Small, 2011, 7: 2413～2427.

[29] Wu W, Liu Z H, Jauregui L A, et al. Wafer-scale synthesis of graphene by chemical vapor deposition and its application in hydrogen sensing [J]. Sens. Actuators B, 2010, 150: 296.

[30] Ohno Y, Maehashi K, Yamashiro Y, et al. Electrolyte-gated graphene field-effect transistors

for detecting pH and protein adsorption [J]. Nano Lett. , 2009, 9: 3318 ~ 3322.

[31] Mohanty N, Berry V. Graphene-based single-bacterium resolution biodevice and DNA transistor: Interfacing graphene derivatives with nanoscale and microscale biocomponents [J]. Nano Lett. , 2008, 8: 4469 ~ 4476.

[32] Novoselov K S, Jiang D, Schedin F, et al. Two-dimensional atomic crystals [J]. PNAS, 2005, 102: 10451 ~ 10453.

2 石墨烯的晶体结构和电子结构

2.1 石墨烯的晶体结构

石墨烯和石墨、金刚石、碳纳米管、富勒烯一样也是碳（C）的一种同素异形体。碳原子以六元环形式周期性排列形成蜂窝状的石墨烯晶格结构，如图 2-1a 所示[1]。石墨烯的碳原子之间的连接十分柔韧，在受到外力作用时，碳原子平面发生弯曲形变，使碳原子不必重新排列来适应外力，从而保证了自身结构的稳定性。

石墨烯中每个碳原子与其他三个近邻碳原子以共价键结合，C—C 键长约为 0.142nm，具有 120°的键角，石墨烯的布拉格点阵呈三角形，具有点阵矢量：

$$a_1 = \frac{a}{2}(3, \sqrt{3}), \quad a_2 = \frac{a}{2}(3, -\sqrt{3}) \tag{2-1}$$

蜂窝晶格中每个基本单元（原胞）包含两个原子。它们属于两个子晶格 A 和 B，子晶格 A 中的每个原子被子晶格 B 中的三个原子包围，反之亦然。晶格矢量为

$$\delta_1 = \frac{\alpha}{2}(1, \sqrt{3}), \quad \delta_2 = \frac{\alpha}{2}(1, -\sqrt{3}), \quad \delta_3 = a(-1, 0) \tag{2-2}$$

其倒格子也呈三角形，倒格矢量为

$$b_1 = \frac{2\pi}{3a}(1, \sqrt{3}), \quad b_2 = \frac{2\pi}{3a}(1, -\sqrt{3}) \tag{2-3}$$

石墨烯的布里渊区如图 2-1b 所示，对称点 K，K' 和 M 的波向量为

$$K = \left(\frac{2\pi}{3a}, -\frac{2\pi}{3\sqrt{3}a}\right), \quad K' = \left(\frac{2\pi}{3a}, \frac{2\pi}{3\sqrt{3}a}\right), \quad M = \left(\frac{2\pi}{3a}, 0\right) \tag{2-4}$$

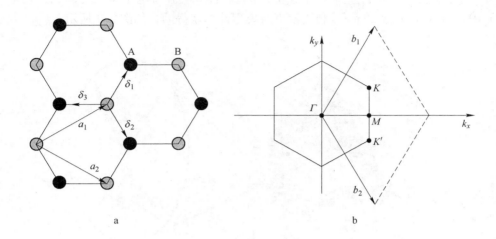

图 2-1 石墨烯的二维晶格结构示意图 (a) 和石墨烯布里渊区示意图 (b)

2.2 石墨烯的电子结构

2.2.1 单层石墨烯的电子结构

图 2-2 为石墨烯的能带结构示意图。sp^2 杂化态（σ 态）形成了具有巨大带隙的满带和空带，而 π 态则形成了单个的能带，在布里渊区的 K 点中具有锥形自交叉点。

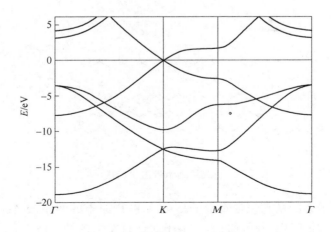

图 2-2 石墨烯的能带结构

　　这个自交叉点是石墨烯特有的电子结构特征和其独特电子特性的起源，它是在 1947 年由 P. R. Wallace[2] 利用紧束缚模型计算获得的，如图 2-3 所示。

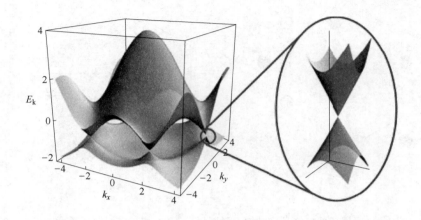

图 2-3　紧束缚模型计算得到的单层石墨烯能带结构示意图

　　图 2-3 中费米面（$E = 0$）处于布里渊区的 K 和 K' 点（Dirac 点[3]）处，费米面能级上方的电子态对应于 π^* 态，而费米面能级下方的能带则对应 π 轨道的成键态，所以石墨烯为零带隙的半金属。

　　根据边缘碳链的形状石墨烯可以分为 Armchair Edge 型和 Zigzag Edge 型。图 2-4 为石墨烯纳米带（Graphene Nanoribbons，GNRs）的结构示意图。通常，Armchair 型和 Zigzag 型的 GNR 具有不同的电子输运特性，Armchair 型的 GNR 可能表现为半导体或金属，而 Zigzag 型的 GNR 通常显示金属特性。

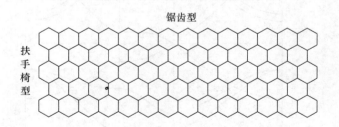

图 2-4　石墨烯纳米带边缘结构示意图

　　石墨烯电子态的基础包含属于子晶格 A 和 B 原子的两个 π 态。在最邻近近似中，子晶格内没有电子跃迁过程，电子跃迁只发生在子晶格之间。因此，紧束缚汉密尔顿函数由 2×2 矩阵来描述：

$$\hat{H}(\pmb{k}) = \begin{pmatrix} 0 & tS^*(\pmb{k}) \\ tS^*(\pmb{k}) & 0 \end{pmatrix} \tag{2-5}$$

式中，$\pmb{k}$ 为波矢，而

$$S(\pmb{k}) = \sum_{\delta} e^{ik\delta} = 2\exp\left(\frac{ik_x a}{2}\right)\cos\left(\frac{k_y a\sqrt{3}}{2}\right) + \exp(-ik_x a) \tag{2-6}$$

因此，波矢 $\pmb{K}$ 处的能量为

$$E(\pmb{k}) = \pm t\,|\,S(\pmb{k})\,| = \pm t\,\sqrt{3+f(\pmb{k})} \tag{2-7}$$

式中，

$$f(\pmb{k}) = 2\cos(\sqrt{3}k_y a) + 4\cos\left(\frac{\sqrt{3}}{2}k_y a\right)\cos\left(\frac{3}{2}k_x a\right) \tag{2-8}$$

由于 $S(\pmb{K}) = S(\pmb{K}') = 0$，说明在 $\pmb{K}$ 点和 $\pmb{K}'$ 点处的能带产生了交叉。将这些点的汉密尔顿函数进行扩展，则有

$$\hat{H}_{K'}(\pmb{q}) \approx \frac{3at}{2}\begin{pmatrix} 0 & \alpha(q_x + iq_y) \\ \alpha^*(q_x - iq_y) & 0 \end{pmatrix}$$

$$\hat{H}_{K}(\pmb{q}) \approx \frac{3at}{2}\begin{pmatrix} 0 & \alpha^*(q_x - iq_y) \\ \alpha(q_x + iq_y) & 0 \end{pmatrix} \tag{2-9}$$

式中，$\alpha = e^{5i\pi/6}$，$\pmb{q} = \pmb{k} - \pmb{K}$ 或 $\pmb{q} = \pmb{k} - \pmb{K}'$。通过基函数的单一变换可以去除相位 $5\pi/6$。因此，点 K 和 K' 附近的有效汉密尔顿函数采用如下形式：

$$\hat{H}_{K,K'}(\pmb{q}) = hv\begin{pmatrix} 0 & q_x \mp iq_y \\ q_x \pm iq_y & 0 \end{pmatrix} \tag{2-10}$$

式中，

$$v = \frac{3a\,|\,t\,|}{2} \tag{2-11}$$

为电子在锥形点处的速度。当附加相移为 $-\pi$ 时，可能产生的 $-t$ 值便会被消除。考虑到下一个最临近的跳跃 t'，式（2-7）变为

$$E(\boldsymbol{k}) = \pm t\,|S(\boldsymbol{k})| + t'f(\boldsymbol{k}) = \pm t\,\sqrt{3 + f(\boldsymbol{k})} + t'f(\boldsymbol{k}) \qquad (2\text{-}12)$$

即将圆锥点从 $E = 0$ 移动到 $E = -3t'$，式中第二项破坏了电子-空穴的对称性。但是，它并没有改变锥形点附近的汉密尔顿函数状态。

点 K 和 K' 相差倒格矢 $\boldsymbol{b} = \boldsymbol{b}_1 - \boldsymbol{b}_2$，因此点 K' 相当于 $-K$。为了明确地说明这一点，有时在倒易空间中使用具有 6 个锥形点的晶胞更加方便。图 2-5 为最邻近近似中石墨烯的电子能谱示意图。

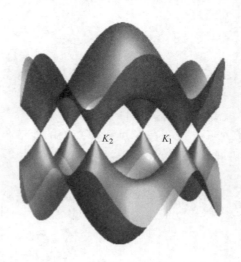

图 2-5　最邻近近似中石墨烯的电子能谱

利用第一性原理对石墨烯的电子结构进行拟合计算，能够得到有效的紧束缚模型参数。根据 S. Reich 等的报道，前三个跃迁参数分别为 $t = -2.97\text{eV}$，$t' = -0.073\text{eV}$ 和 $t'' = -0.33\text{eV}$。较小的 t' 值意味着光谱的电子-空穴对称性不仅在锥形点附近而且在整个布里渊区域都非常准确。

在 M 处的电子态密度具有范霍夫奇点，$\delta N(E) \propto -\ln|E - E_M|$，如图 2-2 和图 2-5 所示。这些范霍夫奇点的位置是 $E_{M-} = t + t' - 3t'' \approx -2.05\text{eV}$ 和 $E_{M+} = -t + t' + 3t'' \approx -1.91\text{eV}$。

2.2.2　石墨烯中无质量的狄拉克费米子

未掺杂的石墨烯具有与锥形点处的能量一致的费米能量，具有完全填满的价

带和完全空着的导带，并且没有带隙。这意味着，从一般能带理论的观点来看，石墨烯是无间隙半导体的一个例子。已知的三维晶体碲化汞（HgTe）和灰锡（α-Sn）便是无间隙半导体。使石墨烯独特的不是无带隙状态本身，而是其非常独特的电子特性，以及电子-空穴对的高度对称性。实际上，对于任何的掺杂，费米能量都接近锥形点处的能量，即 $|E_F| = |t|$。为了构建描述该区域中电子和空穴状态的有效模型，需要在特殊点 K 或 K' 附近扩展有效的汉密尔顿函数，然后进行相应的有效质量近似，或 $\boldsymbol{k} \cdot \boldsymbol{p}$ 扰动替换：

$$q_x \rightarrow -i\frac{\partial}{\partial x}, \quad q_y \rightarrow -i\frac{\partial}{\partial y}$$

从式（2-10）得到

$$\hat{H}_K = -ihv\boldsymbol{\sigma}\nabla \tag{2-13}$$

$$\hat{H}_{K'} = \hat{H}_K^T \tag{2-14}$$

其中

$$\sigma_0 = \begin{pmatrix} 1 & 0 \\ 0 & 1 \end{pmatrix}, \quad \sigma_x = \begin{pmatrix} 0 & 1 \\ 1 & 0 \end{pmatrix}, \quad \sigma_y = \begin{pmatrix} 0 & -i \\ i & 0 \end{pmatrix}, \quad \sigma_z = \begin{pmatrix} 1 & 0 \\ 0 & -1 \end{pmatrix} \tag{2-15}$$

为泡利矩阵（式（2-13）中只包括 x – 和 y – 分量），T 表示转置矩阵。若将两个子晶格和两个锥点考虑在内，完整的低能汉密尔顿函数则由 4×4 矩阵组成。基础矩阵为

$$\Psi = \begin{pmatrix} \Psi_{KA} \\ \Psi_{KB} \\ \Psi_{K'A} \\ \Psi_{K'B} \end{pmatrix} \tag{2-16}$$

式中，Ψ_{KA} 代表对应于能谷 K 和子晶格 A 的电子波函数的分量，其汉密尔顿函数为

$$\hat{H} = \begin{pmatrix} \hat{H}_K & 0 \\ 0 & \hat{H}_{K'} \end{pmatrix} \tag{2-17}$$

为了方便起见，常将基础矩阵写为

$$\Psi = \begin{pmatrix} \Psi_{KA} \\ \Psi_{KB} \\ \Psi_{K'A} \\ -\Psi_{K'A} \end{pmatrix} \tag{2-18}$$

这样，得出了对称形式的汉密尔顿函数

$$\hat{H} = -ihv\tau_0 \otimes \boldsymbol{\sigma}\nabla \tag{2-19}$$

式中，τ_0 是能谷指数中的单位矩阵（将对用于不同指数的相同的泡利矩阵使用不同的符号，子晶格空间中命名为 $\boldsymbol{\sigma}$，能谷空间中命名为 $\boldsymbol{\tau}$）。

　　对于理想状态下的石墨烯而言，能谷是分离的。如果对其施加外部电场和磁场等，因为具有倒格矢 $\boldsymbol{b}$ 的外部电势的傅里叶分量非常小，并且不容易发生能谷间的散射，能谷将保持独立。但是，任何尖锐的原子级别的不均匀性，例如边界，都会使能谷的独立性遭到破坏。

　　汉密尔顿函数式（2-13）是狄拉克汉密尔顿函数的二维模拟物，用来描述无质量的费米子。式中以参数 $v \approx 10^6 \mathrm{m/s} \approx c/300$ 代替了光速 c。

　　石墨烯中的超相对论粒子与电子之间的相似性使得石墨烯被用来研究各种量子相对论效应。

2.2.3　双层石墨烯的电子结构

　　对石墨碳进行剥离，能够获得具有一定层数的石墨烯，其中双层石墨烯的电子结构可以在紧束缚模型的框架中被解读。

　　双层石墨烯的晶体结构如图 2-6 所示。与石墨碳类似，第二层碳原子与第一层碳原子存在一个 60° 的夹角。在石墨碳中，这种结构被称作伯纳尔堆叠。每一层的子晶格 A 恰好位于彼此之上，它们之间具有显著的跃迁参数 γ_1，而在两层的子晶格 B 之间没有必要的跃迁过程。依据石墨的电子结构数据，参数 $\gamma = t_\perp$ 通常取值为 0.4eV，比最邻近平面内跃迁参数 $\gamma_0 = t$ 小 1 个数量级。

　　汉密尔顿量：

$$\hat{H}(\boldsymbol{k}) = \begin{pmatrix} 0 & tS(\boldsymbol{k}) & t_\perp & 0 \\ tS^*(\boldsymbol{k}) & 0 & 0 & 0 \\ t_\perp & 0 & 0 & tS^*(\boldsymbol{k}) \\ 0 & 0 & tS(\boldsymbol{k}) & 0 \end{pmatrix} \tag{2-20}$$

描述了仅考虑这些过程的最简单模型。其中 $S(\boldsymbol{k})$ 来自式（2-6）。对矩阵（2-20）

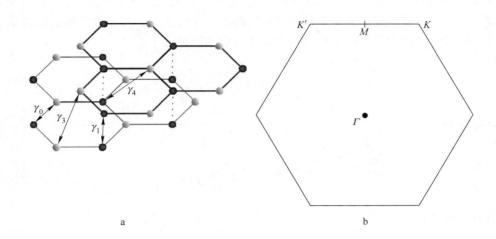

图 2-6 双层石墨烯的晶体结构及跃迁参数 (a) 和布里渊区的双层石墨烯特殊点 (b)

进行对角化得到四个特征值：

$$E_i(\boldsymbol{k}) = \pm \frac{1}{2}t_\perp \pm \sqrt{\frac{1}{4}t_\perp^2 + t^2\,|\,S(\boldsymbol{k})\,|^2} \tag{2-21}$$

能谱如图 2-7a 所示。两个波段在 K 点和 K' 点相互接触。在这些点附近有

$$E_{1,2}(\boldsymbol{k}) \approx \pm \frac{t^2\,|\,S(\boldsymbol{k})\,|^2}{t_\perp} \approx \pm \frac{h^2 q^2}{2m^*} \tag{2-22}$$

有效质量

$$m^* = \frac{|\,t_\perp\,|}{2v^2} \approx 0.054 m_{\rm e}$$

式中，$m_{\rm e}$ 是自由电子的质量。值得注意的是，在最近的实验中获得的数据比其小了两倍：$m^* \approx 0.028 m_{\rm e}$。因此，与单层石墨烯相比，双层石墨烯是一种无带隙半导体，能带接触呈抛物线型。另外两个分支 $E_{3,4}(\boldsymbol{k})$ 具有 $2\,|\,t_\perp\,|$ 的带隙。

对于单层石墨烯，狄拉克汉密尔顿函数为式 (2-13)，对于双层石墨烯，汉密尔顿函数为

$$\hat{H}_K = \frac{1}{2m^*}\begin{pmatrix} 0 & (\hat{p}_x - i\hat{p}_y)^2 \\ (\hat{p}_x + i\hat{p}_y)^2 & 0 \end{pmatrix} \tag{2-23}$$

这是一种新型的量子力学汉密尔顿函数，它与非相对论和相对论的情况都不相同。该汉密尔顿函数的本征态具有非常特殊的手性特性，能够导致特殊的朗道量子化和特殊的散射等。电子和空穴的状态对应于能量：

$$E_{e,h} = \pm \frac{h^2 k^2}{2m^*} \tag{2-24}$$

特征函数为

$$\Psi_{e,h}^{(K)}(\boldsymbol{k}) = \frac{1}{\sqrt{2}} \begin{pmatrix} e^{-i\phi_k^r} \\ \pm e^{i\phi_k} \end{pmatrix} \tag{2-25}$$

具有螺旋性：

$$\frac{(\boldsymbol{k}\boldsymbol{\sigma})^2}{k^2} \Psi_{e,h} = \pm \Psi_{e,h} \tag{2-26}$$

对碳平面施加一个垂直的电压 V，可以打开能谱中的带隙。在这种情况下，式（2-20）中的汉密尔顿函数可以用如下矩阵表示：

$$H(\boldsymbol{k}) = \begin{pmatrix} V/2 & tS(\boldsymbol{k}) & t_\perp & 0 \\ tS^*(\boldsymbol{k}) & V/2 & 0 & 0 \\ t_\perp & . & 0 & -V/2 & tS^*(\boldsymbol{k}) \\ 0 & 0 & tS(\boldsymbol{k}) & -V/2 \end{pmatrix} \tag{2-27}$$

式（2-21）中的特征值变为

$$E_i^2(\boldsymbol{k}) = t^2 |S(\boldsymbol{k})|^2 + \frac{t_\perp^2}{2} + \frac{V^2}{4} \pm \sqrt{\frac{t_\perp^4}{4} + (t_\perp^2 + V^2) t^2 |S(\boldsymbol{k})|^2} \tag{2-28}$$

对于 K（或 K'）点附近的两个下凹能带，光谱具有 Mexican hat 色散：

$$E(\boldsymbol{k}) \approx \pm \left(\frac{V}{2} - \frac{Vh^2 v^2}{t_\perp^2} k^2 + \frac{h^4 v^4}{t_\perp^2 V} k^4 \right) \tag{2-29}$$

在这里为了简单起见，假设 $hvk = V = |t_\perp|$。这个表达式在 $k = 0$ 处具有一个最大值，在 $k = V/\sqrt{2}hv$ 处具有一个最小值，如图 2-7b 所示。E. V. Castro 等[4]通过实验证明了调节双层石墨烯的带隙对于石墨烯的应用具有重要的影响。

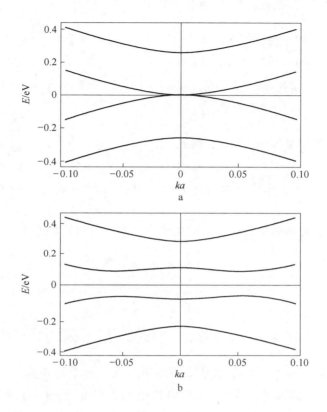

图 2-7　最简模型框架内的双层石墨烯的电子结构（a）和
施加偏置电压情况下双层石墨烯的电子结构（b）

2.2.4　多层石墨烯的电子结构

对于第三层碳原子，有两种情况：它可以相对于第二层旋转 −60°或60°。当相对于第二层旋转 −60°时，第三层碳原子恰好位于第一层碳原子的顶部，层顺序为 aba。当相对于第二层旋转 60°时，将层顺序表示为 abc。在块状石墨中，最稳定的状态为伯纳尔堆叠，即 abab…。然而，具有堆叠层顺序 abcabc…的菱形石墨烯也是存在的，具有不规则层顺序堆叠的乱层石墨也存在。

在这里，讨论随着层数 N 的增加，石墨烯的电子结构根据不同的堆叠顺序而变化。首先，讨论博纳尔堆叠的情况。这里，仅考虑参数 $\gamma_0 = t$ 和 $\gamma_1 = t_\perp$ 时的最简模型，忽略所有其他的跃迁参数 γ_{i1}。对于双层石墨烯，这与式（2-20）的汉密尔顿函数相对应。

在讨论基函数 $\Psi_{n,A}(\boldsymbol{k})$ 和 $\Psi_{n,B}(\boldsymbol{k})$ 时（$n = 1, 2, \cdots, N$ 为碳的层数，A 和

B 为子晶格，$\boldsymbol{k}$ 为二维波矢量），能够将薛定谔方程写为

$$\left.\begin{array}{l} E\Psi_{2n,A}(\boldsymbol{k}) = tS(\boldsymbol{k})\Psi_{2n,B}(\boldsymbol{k}) + t_{\perp}\left[\Psi_{2n-1,A}(\boldsymbol{k}) + \Psi_{2n+1,A}(\boldsymbol{k})\right] \\ E\Psi_{2n,B}(\boldsymbol{k}) = tS^*(\boldsymbol{k})\Psi_{2n,A}(\boldsymbol{k}) \\ E\Psi_{2n+1,A}(\boldsymbol{k}) = tS^*(\boldsymbol{k})\Psi_{2n+1,B}(\boldsymbol{k}) + t_{\perp}\left[\Psi_{2n,A}(\boldsymbol{k}) + \Psi_{2n+2,A}(\boldsymbol{k})\right] \\ E\Psi_{2n+1,B}(\boldsymbol{k}) = tS(\boldsymbol{k})\Psi_{2n+1,A}(\boldsymbol{k}) \end{array}\right\} \quad (2\text{-}30)$$

从式（2-30）中将参数 Ψ_B 去掉，得到

$$\left(E - \frac{t^2|S(\boldsymbol{k})^2|}{E}\right)\Psi_{n,A}(\boldsymbol{k}) = t_{\perp}\left[\Psi_{n+1,A}(\boldsymbol{k}) + \Psi_{n-1,A}(\boldsymbol{k})\right] \quad (2\text{-}31)$$

对于伯纳尔堆叠的石墨块具有的无限层序列，式（2-31）的解为

$$\Psi_{n,A}(\boldsymbol{k}) = \Psi_A(\boldsymbol{k})e^{in\xi} \quad (2\text{-}32)$$

于是，得到

$$E(\boldsymbol{k},\xi) = t_{\perp}\cos\xi \pm \sqrt{t^2|S(\boldsymbol{k})^2| + t_{\perp}^2\cos^2(\xi)} \quad (2\text{-}33)$$

式中的 ξ 可以被写成 $\xi = 2k_z c$，其中 k_z 为波矢在 z 方向上的分量，c 为层间距，因此 $2c$ 为 z 方向上的晶格周期。考虑到其他的跃迁因子 γ_i，J. W. McClure[5] 和 J. S. Slonczewski[6] 提出了更精确的石墨电子结构的紧束缚模型。

对于 N 层石墨烯（$n = 1, 2, \cdots, N$），即使 $n = 0$ 或 $n = N+1$，式（2-31）仍然适用，但是需要满足：

$$\Psi_{0,A} = \Psi_{N+1,A} = 0 \quad (2\text{-}34)$$

这要求使用解 ξ 和 $-\xi$ 的线性组合，因为 $E(\xi) = E(-\xi)$，表达式（2-33）没有变化，但是 ξ 为离散值。由式（2-34）得到

$$\psi_{n,A} : \sin(\xi_p n) \quad (2\text{-}35)$$

式中，

$$\xi_p = \frac{\pi p}{N+1}, \quad p = 1, 2, \cdots, N \quad (2\text{-}36)$$

式（2-33）和式（2-36）解决了伯纳尔堆叠的 N 层石墨烯的能谱问题。对于双

层石墨烯，$\cos\xi_p = \pm\dfrac{1}{2}$，可以利用式（2-21）求解。对于 $N=3$，$\cos\xi_p = 0$，$\pm 1/\sqrt{2}$，方程有 6 个解：

$$E(\boldsymbol{k}) = \begin{cases} \pm t\,|\,S(\boldsymbol{k})\,| \\ \pm t_\perp \sqrt{2}/2 \pm \sqrt{t_\perp^2/2 + t^2\,|\,S(\boldsymbol{k})\,|^2} \end{cases} \tag{2-37}$$

当 $S(\boldsymbol{k})\to 0$ 时，能带在 K 和 K' 点具有圆锥（单层石墨烯）和抛物线（双层石墨烯）接触。对于菱形堆叠（abc）的石墨烯，薛定谔方程有如下形式：

$$\left.\begin{aligned}
E\Psi_{1,A}(\boldsymbol{k}) &= tS(\boldsymbol{k})\Psi_{1,B}(\boldsymbol{k}) + t_\perp \Psi_{2,A}(\boldsymbol{k}) \\
E\Psi_{1,B}(\boldsymbol{k}) &= tS^*(\boldsymbol{k})\Psi_{1,A}(\boldsymbol{k}) \\
E\Psi_{2,A}(\boldsymbol{k}) &= tS^*(\boldsymbol{k})\Psi_{2,B}(\boldsymbol{k}) + t_\perp \Psi_{1,A}(\boldsymbol{k}) \\
E\Psi_{2,B}(\boldsymbol{k}) &= tS(\boldsymbol{k})\Psi_{2,A}(\boldsymbol{k}) + t_\perp \Psi_{3,A}(\boldsymbol{k}) \\
E\Psi_{3,A}(\boldsymbol{k}) &= tS(\boldsymbol{k})\Psi_{3,B}(\boldsymbol{k}) + t_\perp \Psi_{2,B}(\boldsymbol{k}) \\
E\Psi_{3,B}(\boldsymbol{k}) &= tS^*(\boldsymbol{k})\Psi_{3,A}(\boldsymbol{k})
\end{aligned}\right\} \tag{2-38}$$

将式（2-38）中的 $\Psi_{1,B}$ 和 $\Psi_{3,B}$ 去掉，得到

$$\left(E - \frac{t^2\,|\,S(\boldsymbol{k})\,|^2}{E}\right)\Psi_{1,A}(\boldsymbol{k}) = t_\perp \Psi_{2,A}(\boldsymbol{k})$$

$$\left(E - \frac{t^2\,|\,S(\boldsymbol{k})\,|^2}{E}\right)\Psi_{3,A}(\boldsymbol{k}) = t_\perp \Psi_{2,B}(\boldsymbol{k}) \tag{2-39}$$

于是，得到两个关于 $\Psi_{2,A}$ 和 $\Psi_{2,B}$ 的方程式：

$$\left.\begin{aligned}
E\left(1 - \frac{t_\perp^2}{E^2 - t^2\,|\,S(\boldsymbol{k})\,|^2}\right)\Psi_{2,A}(\boldsymbol{k}) &= tS^*(\boldsymbol{k})\Psi_{2,B}(\boldsymbol{k}) \\
E\left(1 - \frac{t_\perp^2}{E^2 - t^2\,|\,S(\boldsymbol{k})\,|^2}\right)\Psi_{2,B}(\boldsymbol{k}) &= tS(\boldsymbol{k})\Psi_{2,A}(\boldsymbol{k})
\end{aligned}\right\} \tag{2-40}$$

最后，得到能量的方程为

$$E^2\left(1 + \frac{t_\perp^2}{t^2\,|\,S(\boldsymbol{k})\,|^2 - E^2}\right)^2 = t^2\,|\,S(\boldsymbol{k})\,|^2 \tag{2-41}$$

在 K 和 K' 附近，当 $S(\boldsymbol{k})\to 0$ 时，方程（2-41）的解为

$$E(\boldsymbol{k}) \approx \pm \frac{t^3 \mid S(\boldsymbol{k}) \mid^3}{t_\perp^2} \propto \pm q^3 \tag{2-42}$$

式中，$q = \boldsymbol{k} - \boldsymbol{K}$ 或 $q = \boldsymbol{k} - \boldsymbol{K}'$。

因此，菱形堆叠的三层石墨烯为导带和价带呈立方接触的无带隙半导体。

参 考 文 献

[1] Castro Neto A H, Guinea F, Peres N M R, et al. The electronic properties of graphene [J]. Reviews of Modern Physics, 2009, 81: 109～113.

[2] Wallace P R. The band theory of graphite [J]. Physical Review, 1947, 71: 622.

[3] Novoselov K S, Geim A K, Morozov S V, et al. Two-dimensional gas of massless Dirac fermions in graphene [J]. Nature, 2005, 438: 197～200.

[4] Castro E V, Ochoa H, Katsnelson M I, et al. Limits on charge carrier mobility in suspended graphene due to flexural phonons [J]. Phys. Rev. Lett. , 2006, 105 (26), 266601.

[5] McClure J W. Band structure of graphite and de Haas-van Alphen effect [J]. Phys. Rev. , 1957, 108: 612.

[6] Slonczewski J S, Weiss P R. Band structure of graphite [J]. Phys. Rev. , 1958, 109: 272～279.

3 石墨烯的性质及应用

由于石墨烯具有诸多优异的性质，使得其应用前景十分广阔[1~3]。无论是在超高速（>1THz）信息处理的高端应用方面或者在利用其高透光性和柔性电子结构的应用方面，石墨烯已经显示出巨大的影响力。现在，越来越多的芯片制造商活跃在石墨烯的研究领域，这也从侧面证明了石墨烯巨大的应用前景。石墨烯被视为后硅电子时代的候选材料之一。

3.1 石墨烯能带隙的打开

打开石墨烯带隙的目的是在逻辑和射频（RF）应用中进一步提高石墨烯晶体管的性能。由于难以开发人机界面技术所需的高拉伸性的半导体材料，而石墨烯恰好可以解决可拉伸电子器件的技术问题，因此，开发石墨烯基可拉伸电子器件在新领域的应用，例如生物传感器和可卷曲显示器等，是促进人机界面技术日益增长的必要因素。图 3-1 和表 3-1 展示了一些石墨烯基电子器件可预期的应用和时间。石墨烯可以替代现有几种应用中的基础材料，但是，最终的目标还是将其独特的性能应用在全新的领域中。

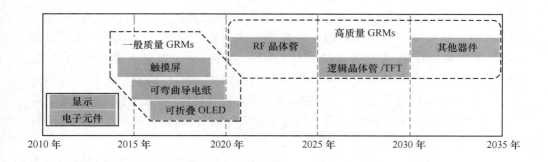

图 3-1 石墨烯基电子器件的应用时间表

石墨烯在晶体管应用中的主要障碍，特别是在集成电路中作为潜在的硅的替代材料，是其零带隙特征。由于石墨烯场效应晶体管（GFET）在关断状态存在

表 3-1　推动石墨烯用于不同电子应用的驱动因素以及目前石墨烯技术要解决的问题

年份	应　用	驱　动　因　素	待解决问题
2016 ~	触感屏幕	与其他材料相比石墨烯呈现出更好的耐久性	需要更好地控制接触电阻
2017 ~	电子纸张	单层石墨烯高的透光率	需要更好地控制接触电阻
2018 ~	可折叠 OLED	（1）石墨烯良好的电学性能和可弯曲性； （2）由于石墨烯功函数可调性效率得到提高	（1）需要提高 R_s 值； （2）需要控制接触电阻； （3）需要完整的 3D 结构
2021 ~	射频晶体管	在 2021 年之后没有 InP 高电子迁移晶体管	（1）需要实现饱和电流； （2）需要实现截止频率 $f_T = 850\,GHz$，最大振荡频率 $f_{max} = 1200\,GHz$
2025 ~	逻辑晶体管	迁移率（μ）高	（1）新结构； （2）需要解决带隙问题/迁移率 μ 值的权衡问题； （3）需要开关比率 $>10^6$

漏极电流，导致了 GFET 较低的开关比（I_{ON}/I_{OFF}），并且会产生相当大的静态功耗。例如，在电源电压 $V_{DD} = 2.5\,V$ 时，石墨烯逆变器中的典型静态漏极电流约为 $270\,\mu A/\mu m$，而对于 22nm 节点高性能的硅逻辑晶体管，在 $V_{DD} = 0.75\,V$ 时的漏电流要小得多，大约为 $100\,nA/\mu m$。L. Ci 等[4]利用化学气相沉积（CVD）法在铜（Cu）衬底上制备的石墨烯和六方氮化硼（h-BN）晶畴组成的大面积的杂化薄膜中观察到较小的带隙开口。因此，在不损害石墨烯任何其他特性（例如高的电子迁移率 μ）的情况下打开其带隙，是最受关注的研究领域之一。除了量子限制（石墨烯纳米带 GNR 和石墨烯量子点 GQD）之外，为了打开石墨烯的能带隙，研究人员开发了许多其他的技术，例如利用衬底诱导的办法来打开石墨烯能带隙[5]。T. Kawasaki 等[6]报道了在 h-BN 和 h-BN/Ni（111）衬底上打开石墨烯的带隙，带隙高达 0.5eV。X. Peng 等[7]报道了在碳化硅（SiC）衬底上生长的双层石墨烯（BLG）的带隙开口。

　　替位掺杂是打开石墨烯带隙的另一个有效途径。例如对石墨烯进行氮掺杂可以将石墨烯转化为 p 型半导体。也存在一些其他方法用于打开石墨烯的带隙，例如使用传统的嵌段共聚物（BC）光刻技术可以形成具有有限带隙的 GNR；通过在铱（Ir）[8]衬底上选择性氢化石墨烯可以将其带隙打开约为 0.7eV。利用分子掺杂和电荷转移的方法通过能够掺杂石墨烯的顺磁性吸附物和杂质来调节石墨烯的电子结构；选择性化学功能化也可用于石墨烯的带隙工程[9,10]；石墨烯的完全氢化则形成石墨烯绝缘体；而使用氟（F）的类似工艺可制备出光学透明的氟化石墨烯，其具有约 3eV 的带隙；如果垂直于 BLG 施加外电场，也可以打开 BLG 的带隙，其大小取决于外加电场的强度。

石墨烯在 SiC 衬底上的带隙开口引起了研究人员很大的兴趣，因为这提供了在石墨烯的生长过程中打开其带隙的可行性。最近，对在 SiC 衬底上生长的 GNR 进行扫描隧道显微镜（STS）测量显示出其具有大于 1eV 的带隙[11]。然而，在 SiC 衬底上生长的石墨烯倾向于电子掺杂，并且费米能级位于带隙之上。为了使生长在 SiC 衬底上的石墨烯满足制造电子器件的要求，需要对其进行空穴掺杂，或通过施加栅极电压来移动费米能级。

但是，所有这些打开带隙的方法都处于研究的初级阶段，需要进一步完善发展。例如，硼（B）取代掺杂，是在石墨烯中打开带隙的最有希望的方法之一，但是增加了石墨烯的缺陷和无序性[12]，目前尚未实现大面积的均匀掺杂。

K. Zhang 等[13] 报道了使用扫描催化剂显微镜（SCM）在原子级尺度上对石墨烯进行局部功能化的技术。附着在扫描尖端附近的催化剂颗粒靠近样品端放置，然后在反应气体环境下通过局部加热触发局部化学反应。例如，镍（Ni）颗粒优先沿特定的晶体方向切割石墨烯[14]。由于扫描尖端和样品之间的接触面积有限，能够确保反应的原子精度。另一种技术手段是实现对石墨烯-BN 混合物中的晶畴尺寸和形状的控制，对于调整石墨烯带隙和其他电子特性至关重要。这需要解决石墨烯-石墨烯超晶格中的可调谐带隙和自旋电子特性。

3.2　石墨烯基微电子器件和纳米电子器件

数字逻辑的进步得益于低电压、高性能、小尺寸的互补金属氧化物半导体（CMOS）器件的发展。CMOS 尺寸的减小使集成电路（IC）的复杂性每 18 个月翻一番，栅极长度的减小对应于每个处理器的晶体管数量的增加。如今，包含 20 亿个金属氧化物半导体场效应晶体管（MOSFET）的处理器已经批量生产，其中许多 MOSFET 的栅极长度约为 30nm，如图 3-2 所示，国际交易报告系统的目标是在 2025 年（见图 3-2 中○）的栅极长度为 7.4nm。随着栅极长度的减少，每个处理器的晶体管数量增加（见图 3-2 中★）。

然而，由于各种因素，CMOS 尺寸的减小已经接近达到其功能的最小限制，随着其功率密度、漏电流和生产成本的增加，绩效回报逐渐减少[15,16]。例如，在现有的硅（Si）基微处理器中的静态（泄漏）功率消耗已超过动态（切换）功率[17]，并随着 CMOS 技术的发展而继续增加。

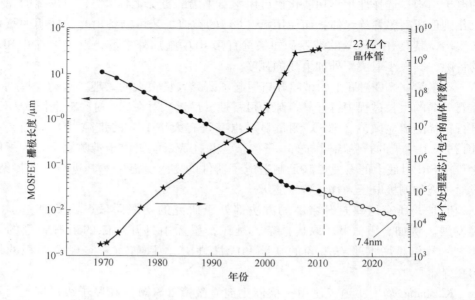

图 3-2　MOSFET 栅极长度集成电路的演变（图中●）

　　越快的计算系统需要访问的存储器的数量越多，而 Si 基微处理器的尺寸限制在实现高密度存储器方面已经达到了一个瓶颈[18]。因此，半导体行业面临的一个重大挑战是如何发展新的材料，例如石墨烯相关材料（GRMs）取代 Si，进而提高半导体器件的性能。虽然目前制备的石墨烯材料的电子迁移率并没有达到理论值，但是制造的石墨烯基电子器件具有极薄的通道，这是 GFET 的最大优势。实际上，这些器件可以具有更短的通道长度和更高的电子传输速度，从而避免限制设备性能的短通道效应。

　　随着器件尺寸的不断缩小和耗散功率密度的不断增加，采用有效传导热量的材料至关重要。石墨烯出色的热性能[19]使其非常适合 CMOS 器件，器件性能可以在最终的尺度限制内超越最先进的 Si 和 Ⅲ-Ⅴ 半导体高频场效应晶体管（FET）[20]。

3.2.1　石墨烯电路中的晶体管数量

　　电压增益 $A_v > 1$ 的石墨烯器件的发展与石墨烯多级电路的发展密切相关。到目前为止实现的一些石墨烯电路中的晶体管数量如图 3-3 所示。第一个功能化电路仅包括一个 GFET[21,22]，由直流输入偏置控制，具体取决于实现哪种类型的逻辑门或倍频器。虽然这些简单的电路证明了石墨烯可以用于实现传统电子电路的一些功能，但是它们仍然存在几个缺点：这两个电路均由微机械剥离（MC）石墨烯制成，并不是集成电路。GFETs 使用背电极，电路具有很小的 A_v 值，导致输出信号产生一个较大的衰减，无法直接耦合数字逻辑门或放大模拟交流电（AC）信号。因此，这两个功能电路并不能被应用在现在的更复杂的电路系统中。

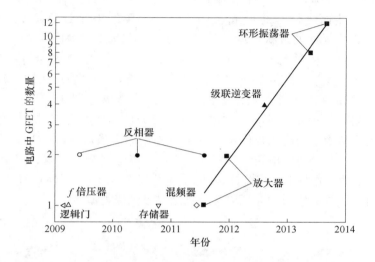

图 3-3　$|A_v| < 1$（空心符号）和 $|A_v| > 1$（实心符号）的
石墨烯电路中晶体管的数量

　　增加晶体管数量的第一次尝试是实现由两个 GFET 组成的石墨烯互补反相器[23]。这是第一次在单个 MC 石墨烯薄片上集成较完整的功能，并且不需要额外的组件。该集成电路还建立了串联的两个 GFET 的 Dirac 点之间互补操作的简单概念。尽管这样，这些逆变器仍然使用的是背电极，$A_v < 1$。因为使用了 MC 石墨烯，所以这次尝试的晶体管数量为 2 个，并没有尝试演示多级电路。

　　第一个石墨烯多级电路包括两个串联的反相器，从而使晶体管数量达到 4 个[24]，实现了信号匹配和级联，其中反向器由 CVD 石墨烯制成。A_v 值约等于 5 是实现级联的一个重要参数。这些逆变器为多级电路的发展打下了基础，但它们具有较大的寄生效应，时钟频率被限制在 200kHz。

3.2.2　数字逻辑门

　　石墨烯在数字逻辑门中的应用受到其零带隙特征的限制，因为零带隙阻止了载流子的耗尽。与传统的硅基 CMOS 逻辑器件相比，无法完全关闭的

GFET 会增加其静态功耗，限制了栅极电压对漏极电流的控制。此外，载流子的不完全耗尽导致 GFET 中的漏极电流饱和状态较弱，反过来又增加了它们的输出电导。

目前为止还没有找到令人满意的解决方案，能够在不降低电子迁移率的情况下打开石墨烯的带隙。通过将石墨烯进行图案化转化为石墨烯纳米带能够打开石墨烯的带隙，然而，获得的最成功的 10nm GNR 的电子迁移率仅为 $200\text{cm}^2/(\text{V·s})$，这是由无序的带状边缘上的载流子散射造成的。为了消除不必要的散射，GNR 应具有晶体学上光滑的边缘并沉积在绝缘衬底上，这为制造 GNR 带来了巨大的挑战。因为为了达到硅（1eV）的带隙，需要 GNR 宽度大约为 1nm。生长在 SiC 上的 40nm 宽的石墨烯纳米带的电子迁移率能够达到 $6×10^6\text{cm}^2/(\text{V·s})$。虽然纳米带宽度（40nm）和 SiC 的成本可能成为扩大生产规模需要考虑的问题，但这为石墨烯纳米带的应用提供了一种可行性策略。最后，L. G. Rizzi 等[24]通过静电掺杂实现了互补逻辑电路，如图 3-4 所示，静电掺杂会对逻辑门中的电源电压施加限制。为了解除这一限制，可以采用化学掺杂 GNR，但这种掺杂需要注意不应该引入额外的散射中心，以保持高结晶度的光滑 GNR。

图 3-4　集成在晶圆级石墨烯上的大量数字互补逆变器的示意图

3.2.3　数字非易失性存储器

非易失性存储器是遵循摩尔定律的最复杂和最先进的半导体器件，尺寸一般小于 20nm。现有技术的非易失性存储器由浮栅闪存单元组成，通过对嵌入在

MOSFET 的栅极和半导体沟道之间的附加浮栅进行充电/放电来存储信息。

　　CMOS 技术的飞速发展对非易失性存储器的可靠性具有负面影响。相邻单元之间的寄生电容随着 CMOS 尺寸的缩小而增加，并且产生了一个串扰信号。横向面积的减小导致了栅极耦合的减少，从而导致更高的工作电压。更大数量的阵列单元导致感应电流的减小并且增加了存取时间。由于这些原因，必须尽快寻找合适的替代材料，包括在非易失性存储器中使用石墨烯材料，如图 3-5 所示，石墨烯用于导电 FET 通道[25,26]和位线（黑色），控制栅极[27]和字线（棕色）以及浮动栅极。另外，需要研究并评估石墨烯基非易失性存储器重要的优点，例如耐久性和编程/擦除（P/E）曲线，并正确推断保持时间。与逻辑门类似，非易失性存储器也需要足够大的 I_{ON}/I_{OFF}（ $>10^4$ ），以使存储器状态能够明确地进行转换。

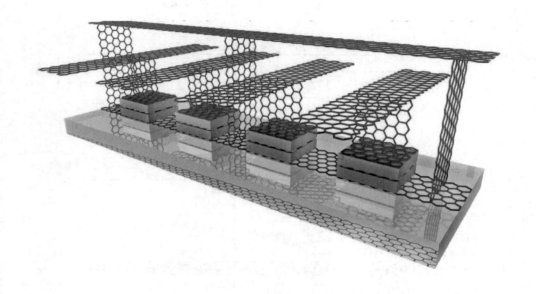

图 3-5　两个单元石墨烯 NOR 门闪存

　　石墨烯在非易失性存储器中的应用面对的挑战要小于逻辑门电路，因为存储操作仅仅要求一个较大的开关比 I_{ON}/I_{OFF}（ $>10^4$ ），而不要求 $A_v>1$。A_v 对于大容量存储器 GFET 并不重要，因为存储器输出状态的可靠性仅取决于线路中输出放大器的灵敏度。石墨烯可在非易失性存储器中作为沟道、电阻开关和存储层材料[28]。

　　石墨烯数字电子器件发展的时间轴如图 3-6 所示，石墨烯非易失性存储器进一步发展还需要 10～15 年时间。

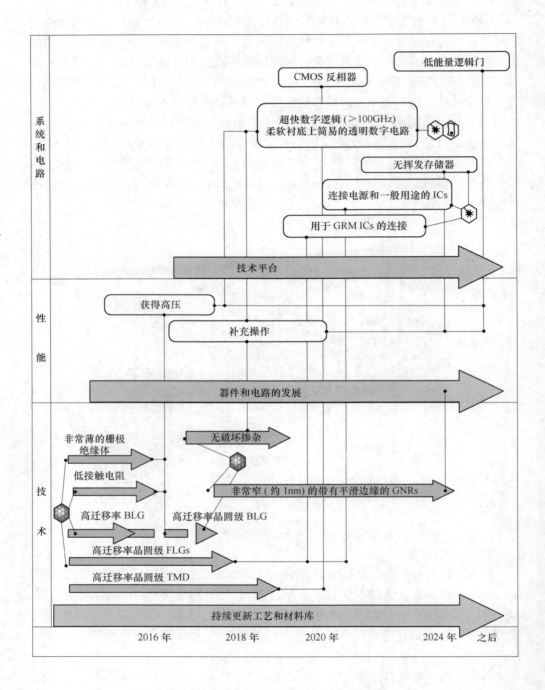

图 3-6　GRMs "数字电子" 时间表

3.3 高频电子器件

高频电子产品是当今高科技经济的基石，信息通信技术中组件尺寸的不断缩小使电子行业持续发展了 30 多年。20 世纪 80 年代后期，高频电子产品主要应用在国防领域，之后由于无线通信技术的不断发展，从 20 世纪 90 年代至今，高频电子产品成为电子通讯行业的主流。由于组件尺寸的缩放达到了基本的物理极限，传统的硅材料已经满足不了现代高频电子技术的要求，同时，新兴的应用的发展，例如太赫兹光谱仪，需要更高的频率，这在现有的技术平台上难以实现。因此，需要一种更高性能的材料以代替硅材料应用在高频电子领域。石墨烯作为应用在数字和模拟电子设备中的新材料具有明显的优势：使超出硅限制的扩展具有可行性，因为石墨烯非常薄，并且具有较高的电子迁移率，这允许晶体管在超过 1THz 的频率下工作。石墨烯在电子工业中的第一个切入点可能是模拟高频电子设备，因为与现有技术相比，其优势最为明显。与硅或硅/锗相比，石墨烯基倍频器和混频器可以允许更高的工作频率，从而避免Ⅲ/Ⅴ材料的缺点，例如生产成本，毒性和硅技术较差的集成性。

此外，双极器件可以显著减少这些应用中所需的晶体管数量。更简单的电路意味着更低的功耗和更小的芯片面积。考虑到 RF 电路比数字逻辑电路复杂得多，RF 芯片制造商对新设备概念更加开放。实际上，目前在 RF 电子器件中使用了各种各样的晶体管和材料，例如基于硅材料的 n 沟道 MOSFET，基于Ⅲ-Ⅴ半导体例如砷化镓（GaAs）和磷化铟（InP）等的高电子迁移率晶体管（HEMT）以及各种双极晶体管。

2010 年初，Y. M. Lin 等[29]展示了工作频率高达 100GHz 的 240nm 栅极长度的石墨烯晶体管。该截止频率已经高于具有相似栅极长度的最佳硅 MOSFET 所实现的截止频率。L. Liao 等[30]报告的晶体管的截止频率超过 300GHz，石墨烯晶体管的栅极长度为 140nm，与具有相似栅极长度的顶级 HEMT 晶体管相当。最近，沟道长度为 67nm 的石墨烯晶体管[31]获得了 427GHz 的截止频率，参见图 3-7。比较石墨烯基电子器件和其他材料电子器件的发展时间，这些结果令人感到振奋。这也清楚地表明 GFET 有可能在不久的将来通过太赫兹边界。因此，石墨烯在许多领域的新应用中扮演着重要的角色，可以作为这些新应用的基础材料，例如模拟高频电子学中的汽车雷达。在未来 10 年内，石墨烯可以在低噪声放大器、倍频器、混频器和振荡器等领域实现对模拟 RF 通信电子设备的重大影响。

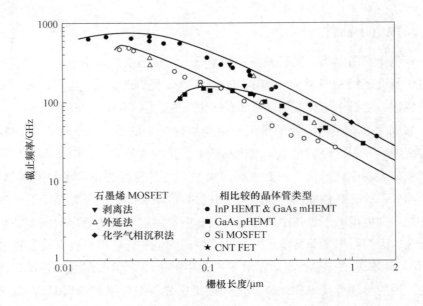

图 3-7 GFET，纳米管 FET 和三种 RF-FET 的截止频率与栅极长度的关系

3.3.1 模拟电压放大器

模拟电子设备的主要组成部分是电压放大器，它是一种能够放大较小交流电压信号的电子设备。与第 3.2.1 节讨论的数字逻辑门的情况相同，在石墨烯电路中，A_v 通常远小于 1。GFET 在模拟电子设备中的使用目前仅限于小范围应用，例如模拟混频器，但即使这些也需要用于信号处理的电压放大器。较高的 A_v 对于 GFET 的运算是至关重要的，否则，石墨烯电路和探测器只能依靠 Si FET 进行信号放大和处理。但是，这种技术的混合需要昂贵制造成本，并不适用于半导体工业。

造成低 A_v 的主要因素之一是使用背栅式 Si/SiO$_2$ 器件，这种器件也存在大的寄生电容，无法与其他元件进行集成。因此，在数字逻辑门的情况下，对具有较薄栅极绝缘体的顶栅 GFET 的研究较为广泛[32]。

石墨烯电压放大器的研究与数字逻辑门的研究部分重叠，因为这两方面研究的短期目标是相同的，即利用 CVD 方法或者在 SiC 衬底上制备的单层或者双层石墨烯应该具有较大的 A_v 值（大于 10）。为了进一步增大 A_v 值，应该利用双层石墨烯薄膜制造 FETs。最后，应解决 GFET 的若干技术挑战，而不是基本原理的挑战，例如：石墨烯电路仍然对制造过程引起的可变性敏感。较高的电子迁移率、g_m 和较低的 g_d 以及接触电阻会增加模拟和数字应用的 A_v。长期目标应该是将石墨烯放大器集成在更复杂即多级的模拟电路中。

GFET 非常适合作为低噪声放大器（LNA）的构建模块，因为它们的电子闪烁噪声频率非常低，并且在低频噪声频谱中占主导地位。高频电子设备需要石墨烯 LNA，因为它们的实现可以与石墨烯模拟混频器无缝集成，因此在这些应用中无须使用 Si FET。目前，GFET 不能关闭，因此应开发具有低谐波失真的 A 类放大器。将高 A_v 放大器与石墨烯反馈网络相结合可以实现电子谐波振荡器。

石墨烯电压放大器的发展可为石墨烯功率放大器打下基础。石墨烯功率放大器常以 $A_v = 1$ 运行，其目的是将先前放大的信号与低阻抗负载相匹配，例如高保真音频系统中的扬声器（4Ω）或 RF 应用中的发射器天线（50Ω）。

3.3.2 石墨烯环振荡器

石墨烯环振荡器（GRO）是串联的石墨烯逆变器的延伸。环路中的每个逆变器必须相同，$|A_v| > 1$ 且输入/输出信号相互匹配。每个逆变器中的两个 FET 还必须具有非常低的导通电阻，以便能够快速地对下一级的栅极电容进行充电/放电，以便进行高频操作。由于振荡频率 f_0 是实际场景中延迟的直接度量，因此环振荡器（ROs）是评估数字逻辑系列的最终限制和时钟速率的标准测试平台。这是因为实际的电子电路是由其他电子电路驱动和加载的，也就是 RO 中存在的电子电路。图 3-8 中 RO 完全集成在 CVD 石墨烯上。

早期的石墨烯逆变器中，在两个 GFET 的 Dirac 点之间能够获得 RO 内逆变器的互补运算。这种逆变器的 $A_v > 4$，足以在相匹配的信号下启用振荡。具有 n 级级联 RO 的振荡频率与逆变器上升/下降的延迟 τ 成反比，因为 $f_0 \propto 1/(2n\tau) = f_{01}$。这里 f_{01} 是一个振荡频率的扇出数，其中扇出数是单个逻辑门可以提供的输出数字的数量。由于 $\tau \sim CG_D^{-1}$，G_D 是逆变器中 GFET 的漏电极电导之和，C 是逆变器的寄生电容性负载，因此，随着寄生效应的减少，逆变器高频增加。

电子电路的速度通常通过缩小其尺寸来增加，这也会减少其寄生效应。图 3-9 为绘制的 26 个 GRO 的最大振荡频率作为栅极长度 L 的函数。在 $L = 1$ 时频率最高为 $f_0 = 1.28\text{GHz}$，对应的 FO1 有 τ：100ps。这与传统的硅 CMOS RO 类似[33]，并且小于相同 L 的多晶 Si CMOS 薄膜的 RO[34]。这是基于任何新型低维材料的数字电路中第一个高于 1GHz 的工作频率。

GRO 还可用于混合模拟信号。到目前为止，石墨烯模拟混频器需要外部振

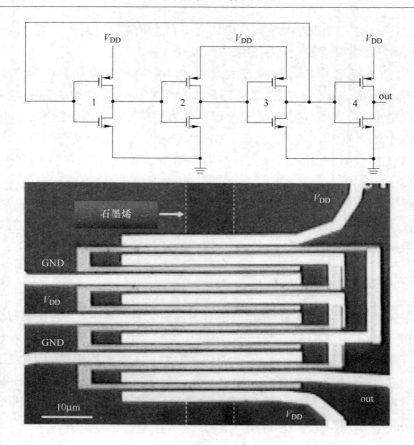

图 3-8　集成的 GRO 电路图

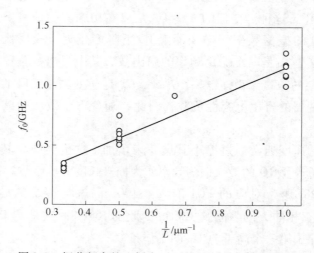

图 3-9　振荡频率的比例为 $1/L$ 时 26 个 GRO 的测量值

荡器（LO）进行频率转换。GRO 可以克服这种限制，并执行振荡信号的调制和生成，以形成独立的石墨烯混合器。为此，可以在缓冲逆变器 4 的直流电路（DC）电源上叠加 RF 信号来修改图 3-8 中的 GRO。由于形成环的其他逆变器不受 RF 信号增加的影响，缓冲逆变器将 RF 信号与振荡电压的未改变的 AC 分量混合。图 3-10 为 LO 信号周围变频 RF 信号的功率谱。当 LO 功率为 – 18.5dBm 时的转换损耗为 19.6dB，RF 功率为 – 34.3dBm，这优于早期石墨烯混频器，与近期石墨烯混频器相当。

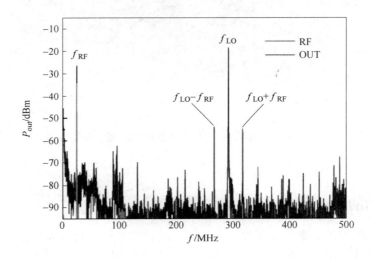

图 3-10 $V_{DD} = 2.5V$ 时独立式石墨烯混频器输出信号的功率谱

3.4 基于分层材料的器件

使用 2d 材料对于实现基于浮栅晶体管结构的存储器件非常有利。这种类型器件的运行是以检测在浮栅上是否捕获到电荷而引起的阈值电压偏移为基础的，器件尺寸的减少受到存储在浮栅上的电荷电量的限制。在这些器件中使用一层二硫化钼（1L-MoS$_2$）或其他 2d 半导体作为导电通道可以提高对外部电荷的灵敏度，并且可以实现进一步的缩放。基于 1L-MoS$_2$ 和石墨烯作为关键组成元素的装置如图 3-11 所示。石墨烯在此起到欧姆接触的作用，允许有效的电荷载流子注入 MoS$_2$，而多层石墨烯用作浮动栅极。使用 2d 触点代替较厚的金属膜是有益的，它允许使用 2d 材料的器件和电路采用较便宜的制造技术。

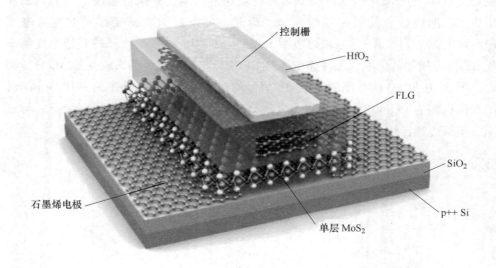

控制栅

HfO₂

FLG

SiO₂

石墨烯电极

p++ Si

单层 MoS₂

图 3-11　MoS$_2$/石墨烯异质结构存储器示意图

3.5　新型的垂直型/平面型晶体管和器件

与每个单独的二维晶体相比，二维异质结构在物理和传输特性方面具有明显的优势，最具代表性的器件是隧道效应晶体管（TFET）。初步实验结果表明，这些器件确实提供了相当优异的 I_{ON}/I_{OFF} 和 μ。在实验和理论上其他的研究方向包括热电子晶体管、共振隧穿等。平面装置包括双量子阱，平行 2d 电子气体，以及这种系统中的玻色-爱因斯坦凝聚等。另外，增强每个单独导电层的电学质量的问题也需要得到解决。

3.5.1　垂直隧道晶体管和垂直热电子晶体管

垂直隧道晶体管是目前石墨烯基电子器件可行的替代者之一。垂直隧道晶体管能够实现快速响应和超小的尺寸，电子在厚度为纳米尺度的栅极之间的转移可以非常快。隧道晶体管可以克服较低的 I_{ON}/I_{OFF}，并且具有单独晶体管和 RT 集成电路要求的高度绝缘的关断状态，没有耗散。

当前的目标是通过实验和建模探索隧道/热电子晶体管的几种架构。最简单的结构是金属/BN/SLG/BN/SLG，其中金属接触用作栅极，BN 层将两个石墨烯层分离，如图 3-12 所示。这种结构晶体管的性能依赖于石墨烯中隧穿态密度的电压可调性，以及与石墨烯电极相邻的隧道势垒的有效高度。

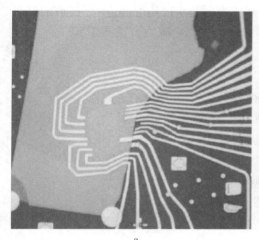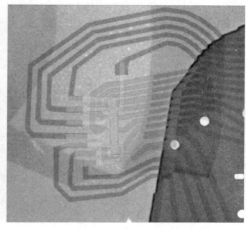

a   b

图 3-12　BN/SLG/BN/SLG/BN 结构器件的光学图像（a）和电子显微照片（b）

研究人员还对具有多种不同电介质以及其他异质结的结构进行了研究，例如金属/BN/SLG/MoS$_2$/SLG。通过 RT 集成电路的开关比 I_{ON}/I_{OFF} 约为 50 证明了该结构器件具有 BN 隧道势垒。随着异质结构质量的提高和具有更薄隧道势垒的电介质的使用，I_{ON}/I_{OFF} 可能接近现代电子学所要求（10^5）。T. Georgiou 等[35] 报道了石墨烯-WS$_2$ 异质晶体管的 $I_{ON}/I_{OFF}>10^6$。研究隧道器件在实际电路中的集成是非常有必要的，为了达到 $A_v>1$，需要获得比当前电流大得多的电流。另外，为了充分利用隧道器件较短的固有转换时间，需要较大的导通电流（即小导通电阻）以减少与电子电路中电容相关的外部无线电电路（RC）时间常数。

3.5.2 2d 异质结构的面内传输

上述装置（具有原子级厚度的隧道势垒，石墨烯和其他材料）建立了新的实验系统，为基础研究及其应用提供了一系列的可能性。例如，在基础研究方面，由薄电介质隔开的两个石墨烯层允许人们寻找激子的凝结和由 e-e 相互作用引起的其他现象。库仑阻力是探测多体相互作用的良好工具，这在传统的运输测量中是难以辨别的。

SLG/h-BN 和其他异质结构的出现为研究层间相互作用提供了新的模型。首先，石墨烯中的 2d 电荷载流子被限制在单个原子平面内，而几个原子层厚的 h-BN 足以电隔离石墨烯。这允许石墨烯层间存在的极小（纳米尺度）的间隔，可以与 GaAlAs 异质结构中实现的最小有效间隔约 15nm 相比较。其次，石墨烯中的电荷载流子可以在 e 和 h 之间连续调谐，从 $n > 10^{12}\,\mathrm{cm}^{-2}$ 一直到中性状态[36]。这使得克服具有强相互作用的 2d 系统的限制成为可能。L. Britnell 等[37] 报道的结果证明了 BN/SLG/BN/SLG/BN 系统中具有非常强的库仑阻力，见图 3-13。

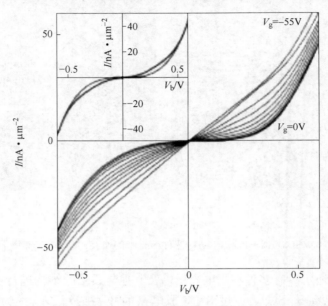

图 3-13   不同栅极电压下 BN/SLG/BN/SLG/BN 系统的伏安特性

另外，对这些异质结进行结构优化可能会产生许多有趣的影响。从图 3-14

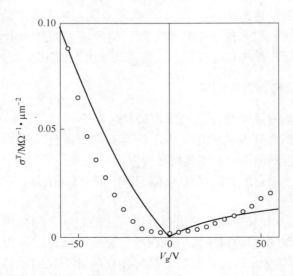

图 3-14   低偏置隧穿的变化（圆圈）和 4 层 hBN 的理论值（实线）曲线图

能够看出该结构的异质结低偏置隧穿（圆圈所示）的变化和 4 层 hBN 的理论值相符合（实线所示）。

在理论方面，需要对库仑阻力和激子凝聚的相关问题进行更深入的研究。最近，A. Gamucci 等[38]通过对包括 SLG（或 BLG），以及在其表面下 31.5nm 的 GaAs 中产生的量子阱的异质结构在高迁移率的 2d 电子气气氛中进行研究，发现库仑阻力电阻率依据对数定律在温度 T 为 5 ~ 10K 以下显著增加。

3.6 电子发射

自 20 世纪 70 年代以来，"真空微电子"一直备受关注。它的发展最初是由创造更有效的电子信息显示形式的愿望驱动的，称为"场效应（FE）显示"或"纳米发光显示器"。尽管已经初现雏形，但是这种显示器开发成可靠的商业产品已经受到各种工业生产问题的阻碍，这些问题基本上与可单独寻址的子像素技术相关，而与源特性没有直接关系。然而，随着平板发光二极管（LCD）和有机发光二极管（OLED）显示器的巨大发展，许多公司现在正在关闭他们在商业上开发 FE 显示的工厂。尽管如此，在 2010 年 1 月，友达光电从索尼收购了 FE 显示资产，继续开发这项技术。大面积 FE 源涉及许多其他应用，例如微波和 X 射线生成，航天器中和作用，多重电子束光刻及塑胶电子领域。

早期的设备基本上是"Spindt 阵列"和"Latham 发射器"。Spindt 阵列是利用 Si 集成电路制造技术来制造规则阵列，其中 Mo 锥体沉积在氧化物膜中的圆柱形空隙中，空隙被具有中心圆孔的反电极（CE）覆盖。Latham 发射器包括两种不同的结构，金属-绝缘体-金属-绝缘体-真空和导体-电介质-导体-电介质-真空。后者在介电膜中常含有导电微粒，并且通过微/纳米结构的场增强特性来确保 FE。

如今，该研究领域的目标是开发/研究新的纳米材料，这些纳米材料可以作为具有适当 FE 特性的薄膜生长/沉积在合适的基底上。石墨烯具有原子厚度、高纵横比（横向尺寸与厚度之比）、优异的 σ 和良好的力学性能，这使其成为 FE 源最有潜力的候选者[39~42]。另外由于碳材料具有较低的溅射系数，而电子源通常被正离子轰击，因此，石墨烯可以增强局部电场和良好的电子发射稳定性。综上所述，石墨烯非常适合应用在电子发射领域。丝网印刷石墨烯 FE 器件如图 3-15 所示。

通过优化石墨烯的固有结构，沉积处理以及膜的形态和厚度，可以进一步改善石墨烯膜的 FE 特性。需要研究和开发用于在不同基板上沉积场发射石墨烯和/或石墨烯/聚合物复合膜的可靠方法，为各种应用开辟新的途径。相对于基板表面（垂直于基板的石墨烯边缘）的均匀形态，高石墨烯密度和最佳石墨烯片取

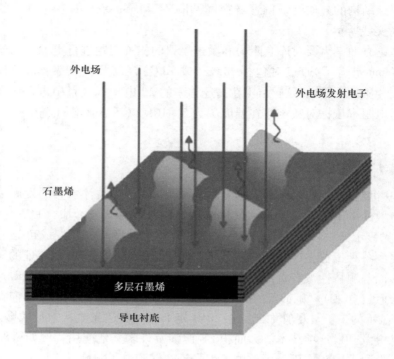

图 3-15　丝网印刷石墨烯 FE 器件

向可以确保膜表面上的发射均匀性和足够的场发射尖端以降低阈值场（<1V/μm）。垂直排列的石墨烯膜的生长对改善石墨烯的 FE 特性具有重要影响。

3.7　石墨烯饱和吸收剂和相关设备

在大多数光子应用中需要具有非线性光学和电光特性的材料。产生纳米到亚 ps 脉冲的激光源是激光器制造过程中的关键组件。无论波长如何，大多数超快激光系统都使用锁模技术，其中称为可饱和吸收体（SA）的非线性光学元件将连续波输出转换为一系列超快光脉冲。关键要求是响应时间快，非线性强，波长范围宽，光损耗低，功率处理能力强，功耗低，成本低，并且易于集成到光学系统中。目前的主导技术是基于半导体材料的可饱和吸收器（SA），例如半导体可饱和吸收镜（SESAM）。然而其调谐范围很窄，并且需要复杂的制造和封装过程。然而，Dirac 电子在石墨烯中的线性色散提供了理想的解决方案：对于任何激发，共振中始终存在 e-h 对。超快的载流子迁移率使石墨烯成为制造超宽带、快速 SA 的理想材料。另外，与 SESAM 和碳纳米管（CNT）不同，石墨烯不需要带隙工程或直径控制。

自 2009 年首次问世以来，石墨烯锁模的超快激光器（图 3-16）的性能得到了显著提升。例如，平均输出功率从几毫瓦[43]增加到超过 1W[44]。LPE、CVD、碳分离、MC 已经用于石墨烯可饱和吸收剂（GSA）制造。到目前为止，已经证明 GSA 可以在 $1\mu m$[45]、$1.2\mu m$[46]、$1.5\mu m$[47]、$2\mu m$[48]处产生脉冲。其中最常见的波长是约 $1.5\mu m$，不是由于 GSA 波长限制，而是因为这是光通信的标准波长。Z. Sun 等[49]报道了一种可用 GSA 锁模的可广泛调谐的光纤激光器。该激光器在 1525～1559nm 的调谐范围内能够产生 ps 脉冲，证明了其"全频带"操作性能。

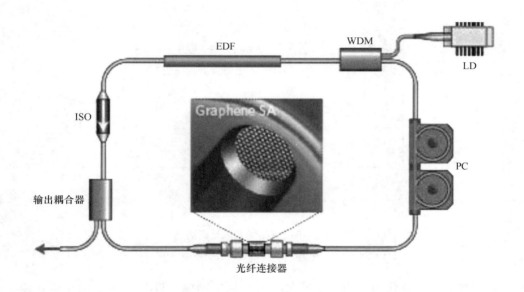

图 3-16 石墨烯光纤激光器结构图[50]

WDM—波分复用器；PC—偏振控制器；EDF—掺铒光纤；ISO—隔离器

石墨烯也有望用于其他光子应用，例如光学限制器和光学变频器[51]。光学限制器是对于低入射光强度具有高透射率并且对于高强度具有低透射率的装置。光学变频器用于扩展激光器波长的可达性。

3.8 石墨烯相关应用举例

3.8.1 透明电极

理论和实验结果表明，理想单层石墨烯的光透过率高达 97.7%[52,53]。图 3-17 为石墨烯光透过率理论值和实验值的比较图，两者基本一致。

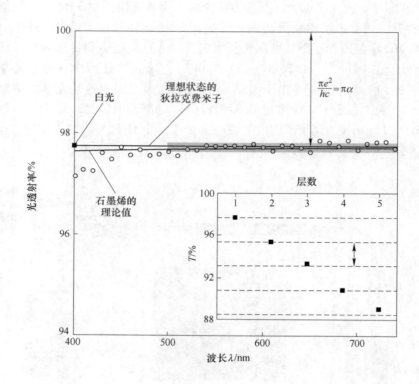

图 3-17　单层石墨烯光透过率谱图

（○为实际测量值，插图为不同层数的石墨烯对应的光透射率）

目前已经商业化的透明导电薄膜材料是氧化铟锡（ITO），由于铟元素在地球上的含量有限，价格昂贵，并且 ITO 薄膜易碎、不耐酸碱，使它的应用受到限制。石墨烯具有良好的透光率，使它成为制造透明导电薄膜的首选材料[54]，用以取代现今广泛使用的 ITO 和掺氟氧化锡（FTO）等传统薄膜材料。

利用石墨烯制作成透明导电薄膜并将其应用于液晶显示器、触摸面板和太阳能电池成为人们研究的热点。2010 年，三星公布其利用 CVD 法在 Cu 表面上成功制备出 30in（1in = 25.4mm）的石墨烯薄膜[55]，并且利用 Roll-to-Roll 的方法将其转移至耐高温聚酯薄膜（PET）上，并应用在触摸屏上（图 3-18）。

3.8.2　纳米电子器件

目前报道的石墨烯的电子迁移率高达 $2 \times 10^5 cm^2/(V \cdot s)$[56]，电导率高达 $10^6 S/m$[57]，面电阻仅为 $31\Omega/sq$，并且表现出室温微纳米尺度的弹道传输特性（300K 下可达 $0.3\mu m$）。这些优异的性质使石墨烯成为制作纳米电子器件的理想

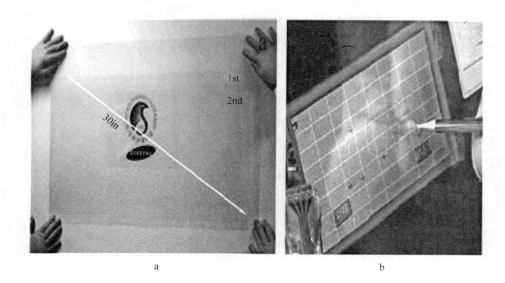

a　　　　　　　　　　　　　　　　　　b

图 3-18　转移至 PET 膜的 30in 超大石墨烯薄膜（a）和基于石墨烯的触摸面板（b）

材料[58~60]。荷兰科学家报道了第一个石墨烯基超导场效应管[61]，发现在电荷密度为零的情况下石墨烯还可以传输一定的电流。2010 年 1 月，IBM 公司开发出的石墨烯场效应晶体管[62]的截止频率高达 100GHz，性能超过同样沟道长度的硅基场效应晶体管（截止频率约为 40GHz）。

3. 8. 3　储能应用

储氢材料需要具有在特定条件下吸附和释放氢气的能力，但目前各种材料的成本都较高，极大地限制了储氢材料发展。材料吸附氢气量和其比表面积成正比，石墨烯具有高比表面积（2630m²/g）和高化学稳定性，使其成为理想的储氢材料。G. K. Dimitrakakis 等[63]制备了一种新型 3D 碳纳米结构称为石墨烯柱，当其掺杂锂原子时，石墨烯柱的储氢量大大提高，可达到 41g/L。石墨烯的出现，为人们对储氢材料的设计提供了新的思路和材料。

3. 8. 4　传感器方面的应用

独特的二维层状结构使石墨烯具有大的比表面积，这使它成为制备传感器的理想材料。另外，某些气体分子吸附到石墨烯表面后，导致石墨烯的电子结构发生变化，从而使其导电性能发生变化，如石墨烯表面吸附氨气（NH_3）后，石墨烯从 NH_3 分子得到电子，形成 n-型掺杂的石墨烯；而当石墨烯表面吸附水

（H₂O）或二氧化氮（NO₂）等分子后，会提供电子，形成 p-型掺杂的石墨烯[64]。曼彻斯特大学研究小组[65]以及 G. H. Lu 等[66]都报道了基于石墨烯的气体探测器研究。

3.8.5　复合材料方面的应用

石墨烯独特的物理、化学和力学性能为复合材料的开发提供了原动力，可望开辟诸多新的应用领域。例如 2006 年 S. Stankovich 等[67]在 Nature 上报道的薄层石墨烯-聚苯乙烯纳米复合材料，2008 年 T. Ramanathan 等[68]报道的石墨烯-聚甲基丙烯酸甲酯复合材料，2010 年 M. A. Rafiee 等[69]报道的石墨烯-环氧树脂复合材料。这些材料由于石墨烯的加入，在导电性、热稳定性、拉伸强度等性质方面有了大幅度提高，为复合材料提供了更广阔的应用领域。

参 考 文 献

[1] Lee Y, Bae S, Jang H, et al. Wafer-scale synthesis and transfer of graphene films [J]. Nano Lett. , 2010, 10: 490~493.

[2] Blake P, Brimicombe P D, Nair R R, et al. Graphene-based liquid crystal device [J]. Nano Lett. , 2008, 8: 1704~1708.

[3] Blake P, Brimicombe P D, Nair R R, et al. Graphene-based liquid crystal device [J]. Nano Lett. , 2008, 8: 1704~1708.

[4] Ci L, Song L, Jin C, et al. Atomic layers of hybridized boron nitride and graphene domains [J]. Nature Mater. , 2010, 9: 430~435.

[5] Zhou S Y, Gweon G H, Fedorov A V, et al. Substrate-induced band gap opening in epitaxial graphene [J]. Nature Mater. , 2007, 6: 770~775.

[6] Kawasaki T, Ichimura T, Kishimoto H, et al. Double atomic layers of graphene/monolayer h-BN on Ni (111) studied by scanning tunneling microscopy and scanning tunneling spectroscopy [J]. Surf. Rev. Lett. , 2002, 9: 1459~1464.

[7] Peng X, Ahuja R. Symmetry breaking induced bandgap in epitaxial graphene layers on Si [J]. Nano Lett. , 2008, 8: 4464~4468.

[8] Balog R, Jφrgensen B, Nilsson L, et al. Band gap opening in graphene induced by patterned hydrogen adsorption [J]. Nature Mater. , 2010, 9: 315~319.

[9] Elias D C, Nair R R, Mohiuddin T M G, et al. Control of graphene's properties by reversible hydrogenation [J]. Science, 2009, 323: 610~613.

[10] NairR R, Ren W, Jalil R, et al. Fluorographene: A two-dimensional counterpart of teflon [J]. Small, 2010, 6: 2877~2884.

[11] Baringhaus J, Ruan M, Edler F, et al. Exceptional ballistic transport in epitaxial graphene na-

noribbons [J]. Nature, 2014, 506 (7488): 349~354.

[12] Cervantes-Sodi F, Csányi G, Piscanec S, et al. Edge-functionalized and substitutionally doped graphene nanoribbons: Electronic and spin properties [J]. Phys. Rev. B, 2008, 77: 165427~165439.

[13] Zhang K, Fu Q, Pan N, et al. Direct writing of electronic devices on graphene oxide by catalytic scanning probe lithography [J]. Nature Comm., 2012, 3: 1194.

[14] Campos L C, Manfrinato V R, Sanchez-Yamagishi J D, et al. Anisotropic etching and nanoribbon formation in single-layer graphene [J]. Nano Lett., 2009, 9: 2600~2604.

[15] Moore G E. No exponential is forever: but "Forever" can be delayed! [semiconductor industry][J]. 2003 IEEE International Solid-State Circuits Conference, 2003, 1: 20~23.

[16] Schwierz F, Wong H, Liou J J. Nanometer CMOS [M]. Singapore: Pan Stanford, 2010.

[17] Shauly E N. CMOS Leakage and Power Reduction in Transistors and Circuits: Process and Layout Considerations [J]. J. Low Power Electron. Appl., 2012, 2: 1~29.

[18] Lu C Y. Future prospects of NAND flash memory technology-the evolution from floating gate to charge trapping to 3D stacking [J]. J. Nanosci. Nanotechnol., 2012, 12: 7604~7618.

[19] Balandin A A. Thermal properties of graphene and nanostructured carbon [J]. Nature Mater., 2011, 10: 569~581.

[20] Meindl J D, Chen Q, Davis J A. Limits on silicon nanoelectronics for terascale integration [J]. Science, 2001, 293: 2044~2049.

[21] Sordan R, Traversi F, Russo V. Logic gates with a single graphene transistor [J]. Appl. Phys. Lett., 2009, 94: 073305.

[22] Wang H, Nezich D, Kong J, et al. Graphene frequency multipliers [J]. IEEE Electron Device Lett., 2009, 30: 547~549.

[23] Traversi F, Russo V, Sordan R. Integrated complementary graphene inverter [J]. Appl. Phys. Lett., 2009, 94: 223312.

[24] Rizzi L G, Bianchi M, Behnam A, et al. Cascading wafer-scale integrated graphene complementary inverters under ambient conditions [J]. Nano Lett., 2012, 12: 3948~3953.

[25] Stützel E U, Burghard M, Kern K, et al. A graphene nanoribbon memory cell [J]. Small, 2010, 6: 2822~2825.

[26] Zhan N, Olmedo M, Wang G, et al. Layer-by-layer synthesis of large-area graphene films by thermal cracker enhanced gas source molecular beam epitaxy [J]. Carbon, 2011, 49: 2046~2052.

[27] Park J K, Song S M, Mun J H, et al. Graphene gate electrode for MOS structure-based electronic devices [J]. Nano Lett., 2011, 11: 5383~5386.

[28] Hong A J, Song E B, Yu H S, et al. Graphene flash memory [J]. ACS Nano, 2011, 5: 7812~7817.

[29] Lin Y M, Dimitrakopoulos C, Jenkins K A, et al. 100-GHz transistors from wafer-scale epitaxial graphene [J]. Science, 2010, 327: 662~662.

[30] Liao L, Lin Y C, Bao M, et al. High speed graphene transistors with a self-aligned nanowire

gate [J]. Nature, 2010, 467: 305～308.

[31] Cheng R, Bai J, Liao L, et al. High frequency self-aligned graphene transistors with transferred gate stack [J]. Proc. Natl. Acad. Sci. USA, 2013, 109: 11588～11592.

[32] Liao L, Bai J W, Cheng R, et al. Top-gated graphene nanoribbontransistors with ultra-thin high-kdielectrics [J]. Nano Lett. , 2010, 10: 1917～1921.

[33] Chau R, Datta S, Majumdar A. Opportunities and challenges of Ⅲ-Ⅴ nanoelectronics for future high-speed, low-power logic applications [C]. Proceedings of the 27th IEEE Compound Semiconductor Integrated Circuit Symposium (CSICS), Palm Springs, CA, USA, Oct 30-Nov 2, 2005: 4.

[34] Brotherton S D, Glasse C, Glaister C, et al. High-speed, short-channel polycrystalline silicon thin-film transistors [J]. Appl. Phys. Lett. , 2004, 84: 293～295.

[35] Georgiou T, Jalil R, Belle B D, et al. Vertical field-effect transistor based on graphene-WS2 heterostructures for flexible and transparent electronics [J]. Nature Nanotech. , 2013, 8: 100～103.

[36] Gorbachev R V, Geim A K, Katsnelson M I, et al. Strong coulomb drag and broken symmetry in double-layer graphene [J]. Nature Phys. , 2012, 8: 896～901.

[37] Britnell L, Gorbachev R V, Jalil R, et al. Field-effect tunneling transistor based on vertical graphene heterostructures [J]. Science, 2012, 335: 947～950.

[38] Gamucci A, Spirito D, Carrega M, et al. Electron-hole pairing in graphene GaAs heterostructures [J]. Nature Commun. , 2014, 5: 5824.

[39] Eda G, Chhowalla M. Graphene-based composite thin films for electronics [J]. Nano Lett. , 2009, 9: 814～818.

[40] Wu Z S, Pei S, Ren W, et al. Field emission of single-layer graphene films prepared by electrophoretic deposition [J]. Adv. Mater. , 2009, 21: 1756～1760.

[41] Xiao Z, She J, Deng S, et al. Field electron emission characteristics and physical mechanism of individual single-layer graphene [J]. ACS Nano, 2010, 4: 6332～6336.

[42] Wang H M, Zheng Z, Wang Y Y, et al. Fabrication of graphene nanogap with crystallographically matching edges and its electron emission properties [J]. Appl. Phys. Lett. , 2010, 96: 023106.

[43] Hasan T, Sun Z, Wang F, et al. Nanotube polymer composites for ultrafast photonics [J]. Adv. Mater. , 2009, 21: 3874～3899.

[44] Feng C, Wang Y, Liu J, et al. 3W high-power laser passively mode-locked by graphene oxide saturable absorber [J]. Opt. Commun. , 2013, 298: 168～170.

[45] Tan W, Su C, Knize R, et al. Mode locking of ceramic Nd: yttrium aluminum garnet with graphene as a saturable absorber [J]. Appl. Phys. Lett. , 2010, 96: 031106.

[46] Cho W B, Kim J W, Lee H W, et al. High-quality lager-area monolayer graphene for efficient bulk laser mode-locking near 1.25μm [J]. Opt. Lett. , 2011, 36: 4089～4091.

[47] Martinez A, Fuse K, Xu B, et al. Optical deposition of graphene and carbon nanotubes in a fiber ferrule for passive mode-locked lasing [J]. Opt. Express, 2010, 18: 23054～23061.

［48］ Liu J, Wang Y G, Qu Z S, et al. Graphene oxide absorber for 2μm passive mode-locking Tm：YAlO₃ laser ［J］. Laser Phys. Lett. , 2012, 9：15～19.

［49］ Sun Z, Popa D, Hasan T, et al. Wideband tunable, graphene-mode locked, ultrafast laser ［J］. Nano Res. , 2010, 3：653～660.

［50］ Bonaccorso F, Sun Z, Hasan T, et al. Graphene photonics and optoelectronics ［J］. Nature Photon, 2010, 4：611.

［51］ Bass M, LI G F, Stryland E V, et al. Handbook of optics ［M］. New York, USA：McGraw-Hill Professional, 2010.

［52］ Nair R R, Blake P, Grigorenko A N, et al. Fine structure constant defines visual transparency of graphene ［J］. Science, 2008, 320：1308.

［53］ Kim K S, Zhao Y, Jang H, et al. Large-scale pattern growth of graphene films for stretchable transparent electrodes ［J］. Nature, 2009, 457：706～710.

［54］ Becerril H A, Mao J, Liu Z, et al. Evaluation of solution-processed reduced graphene oxide films as transparent conductors ［J］. ACS Nano, 2008, 2：463～470.

［55］ Bae S, Kim H, Lee Y, et al. Roll-to-roll production of 30-inch graphene films for transparent electrodes ［J］. Nat Nano, 2010, 5：574～578.

［56］ Bolotin K I, Sikes K J, Jiang Z, et al. Ultrahigh electron mobility in suspended graphene ［J］. Solid State Communications, 2008, 146：351～355.

［57］ Kim K S, Zhao Y, Jang H, et al. Large-scale pattern growth of graphene films for stretchable transparent electrodes ［J］. Nature, 2009, 457：706～710.

［58］ Liu S, Guo X F. Carbon nanomaterials field-effect-transistor-based Biosensors ［J］. NPG Asia Materials, 2012, 4：23.

［59］ Bolotin K I, Ghahari F, Shulman M D, et al. Observation of the fractional quantum Hall effect in graphene ［J］. Nature, 2009, 462：196～199.

［60］ Cohen-Karni T, Qing Q, Li Q, et al. Graphene and nanowire transistors for cellular interfaces and electrical recording ［J］. Nano Lett. , 2010, 10：1098～1102.

［61］ Heersche H B, Jarillo-Herrero P, Oostinga J B, et al. Bipolar supercurrent in graphene ［J］. Nature, 2007, 446：56～59.

［62］ Lin Y M, Dimitrakopoulos C, Jenkins K A, et al. 100-GHz transistors from wafer-scale epitaxial graphene ［J］. Science, 2010, 327：662.

［63］ Dimitrakis G K, Tylianakis E, Froudakis G E. Pillared graphene：A new 3-D network nanostructure for enhanced hydrogen storage ［J］. Nano Lett. , 2008, 8：3166～3170.

［64］ Wehling T O, Novoselov K S, Morozov S V, et al. Molecular Doping of Graphene ［J］. Nano Lett. , 2007, 8：173～177.

［65］ Schedin F, Geim A K, Morozov S V, et al. Detection of individual gas molecules adsorbed on graphene ［J］. Nat. Mater. , 2007, 6：652～655.

［66］ Lu G H, Ocola L E, Chen J H. Gas detection using low-temperature reduced graphene oxide sheets ［J］. Appl. Phys. Lett. , 2009, 94：083111.

［67］ Stankovich S, Dikin D A, Dommett G H B, et al. Graphene-based composite materials ［J］.

Nature, 2006, 442: 282~286.

[68] Ramanathan T, Abdala A A, Stankovich S, et al. Functionalized graphene sheets for polymer nanocomposites [J]. Nat Nano, 2008, 3: 327~331.

[69] Rafiee M A, Lu W, Thomas A V, et al. Graphene nanoribbon composites [J]. ACS Nano, 2010, 4: 7415~7420.

4 石墨烯的制备、表征及转移

4.1 干法剥离

干法剥离是在空气、真空或惰性环境中通过机械、静电或电磁力将层状材料（LMs）分裂成原子级厚度的薄片。

4.1.1 用于研究目的的机械剥离

微机械裂解（MC），也称为微机械剥离，已经被晶体学家使用了数十年。早在 1999 年，X. Lu 等[1]报道了通过裂解石墨来获得多层石墨烯薄膜。他们在报道中还建议"将石墨表面与其他平坦表面摩擦可能获得多个甚至单个原子层厚度的石墨片"。K. S. Novoselov 等[2]首次报道了通过胶带法获得单层石墨烯。2004 年，英国曼彻斯特大学的 A. K. Geim 与 K. S. Novoselov 小组[3]将一小片石墨粘在胶带上，对折胶带再撕开胶带，将石墨片分为两半，如此反复进行数次，得到越来越薄的石墨碎片，最后留下一些只有一个原子层厚的石墨烯碎片，图 4-1 为获得的

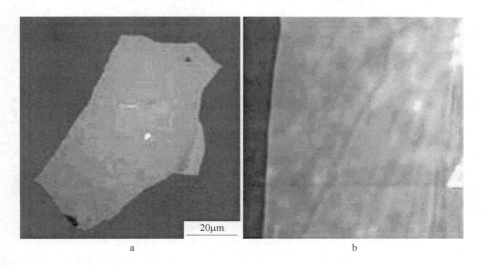

图 4-1 用微机械剥离法剥离到二氧化硅（SiO_2）上的石墨烯（a）和
石墨烯边缘 $2\mu m \times 2\mu m$ 大小的原子力显微图像（b）

石墨烯碎片的原子力显微图像。经过测试，他们发现石墨烯在室温下具有独特的晶体结构和良好的化学稳定性。2005 年，美国哥伦比亚大学的 P. Kim 与 Y. B. Zhang[4] 团队利用微机械剥离法，从高定向热解石墨（HOPG）分离出石墨烯。其原理是石墨的层与层之间是以微弱的范德华力结合的，施加外力便可以从石墨上撕出更薄的石墨层片，反复进行，就可以撕出石墨烯。

利用这种方法获得的石墨烯尺寸可以达到 $100\mu m$ 左右[5]，并且很容易观察到量子霍尔效应。这种方法过程简单，但产量低，层数和尺寸都不易控制，所以仅适合实验室研究，无法用于工业生产。另外，淬火法[6]和静电沉积法[7]也属于微机械剥离法。石墨烯主要生产方法和预见的应用见表 4-1。

表 4-1 石墨烯主要生产方法和预见的应用

方法	晶粒尺寸 /μm	样品尺寸 /mm	迁移率 μ	应 用
机械微应力技术	1000	1	$2 \times 10^5 cm^2/(V \cdot s)$ $10^6 cm^2/(V \cdot s)@T=4K$ $2 \times 10^4 cm^2/(V \cdot s)@RT$	基础研究
石墨液相剥离法	0.01～1	0.1～1（重叠的薄片）	$100 cm^2/(V \cdot s)$（对于一层重叠的薄片@RT）	墨水、涂料、颜料、电池、超级电容器、太阳能电池、燃料电池、复合材料、传感器、TCs、光电子、柔性电子器件、柔性光电器件、生物应用
氧化石墨烯液相剥离法	>1	>1（重叠的薄片）	$1 cm^2/(V \cdot s)$（对于一层重叠的薄片@RT）	墨水、涂料、颜料、电池、超级电容器、太阳能电池、燃料电池、复合材料、传感器、TCs、光电子、柔性电子器件、柔性光电器件、生物应用
碳化硅（SiC）基板生长	100	100	$6 \times 10^6 cm^2/(V \cdot s)@T=4K$	射频晶体管、其他电子器件
化学气相沉积（CVD）	50000	1000	$6.5 \times 10^4 cm^2/(V \cdot s)$ $@T=1.7K$ $3 \times 10^4 cm^2/(V \cdot s)@RT$	光电子、纳电子、TCs、传感器、生物应用、柔性电子器件

经过优化的 MC 技术，可以制备出高质量的薄膜，其尺寸受到原始的石墨单晶畴的限制，大小为毫米级。薄膜的层数可以简单地通过光学对比度来判断，如图 4-2a 所示。也可以通过拉曼光谱来确定，如图 4-2b 所示。石墨表面上覆盖的石墨烯在 25K 的条件下，电子迁移率高达 10^7 量级[8]，经过电流退火之后的悬浮单层石墨烯（SLG）电子迁移率能够达到 10^6 量级[9]，对于制备的 SLGs[10]，室温下的电子迁移率 μ 高达 $20000\text{cm}^2/(\text{V}\cdot\text{s})$。

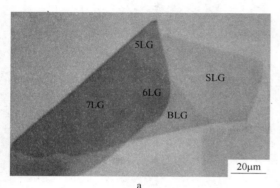

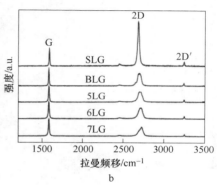

图 4-2　MC 法获得的石墨烯碎片的光学显微镜图像（a）和拉曼光谱（b）

尽管 MC 法不适合制备大尺寸的石墨烯薄膜，但是它仍然可以用作理论研究。实际上，绝大多数的理论结果和样品器件都是使用 MC 薄片获得的。因此，MC 仍然是研究新物理和新器件的理想选择。

4.1.2　阳极键合

在微电子工业中，阳极键合被广泛用于将硅（Si）晶片键合到玻璃上，以保护它们免受湿气或污染。当利用这种技术来制备 SLGs 时，石墨碳首先被压在玻璃衬底上，然后在石墨碳和金属背电极之间施加一个电压（0.5～2kV），如图 4-3 所示，然后将玻璃衬底加热到 200℃，加热时间为 10～20min。如果在顶部触点施加正电压，则负电荷在面向正电极的玻璃侧积聚，导致玻璃中的氧化钠（Na_2O）杂质分解为 Na^+ 和 O^{2-} 离子。Na^+ 向背电极移动，而 O^{2-} 保持在石墨-玻璃界面，在界面处建立了一个强电场。多层石墨碳，包括 SLG，通过静电作用能够粘在玻璃上，然后将它们逐层剥离掉。温度和施加的电压可用于控制层数及其尺寸。据报道阳极键合产生宽度约 1mm 的薄片[11]。该方法也可用于其他 LM。

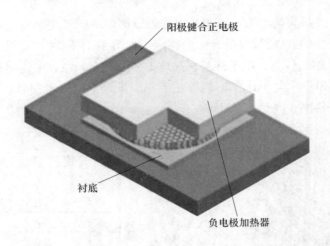

图 4-3　阳极键合制备石墨烯示意图

4.1.3　激光烧蚀和光剥离

激光烧蚀是使用激光束通过蒸发或升华从固体表面去除材料。在 LM 的情况下，例如石墨碳，如果通过激光束照射不能使碳原子蒸发或升华，而是使整个或部分层发生分离，则该过程称为光剥离。

原则上可以使用激光脉冲来烧蚀以去除石墨片。调整能量密度能够精确地图案化石墨[12]。利用烧蚀 SLG 和多层石墨烯（FLG）所需的能量密度窗口可以获得所需的层数 N。随着能量密度增加，石墨层数降低至 7 层左右。S. Dhar 等[13]认为能量密度对层数的依赖性与通过声子的热量与 FLG 的耦合有关，比热比为 $1/N$。对于 $N > 7$ 的情况，烧蚀阈值达到饱和。目前，激光烧蚀仍处于初级阶段，需要进一步发展。该方法最好在惰性或真空条件下实施，因为空气中的烧蚀容易使石墨烯氧化。在最近的报道中，液体中的烧蚀也获得了较为理想的结果。因此，光剥离可以成为液相剥离的替代和补充技术。

激光照射仍有进一步优化的空间。利用该技术对氧化石墨烯（GO）进行直接激光照射可以产生石墨薄片。在液体中制备石墨烯需要新的方案，通过开发高沸点溶剂和表面活性剂，可以克服液相剥离的限制。激光照射方法具有普遍的有效性，它可以扩展到制备具有弱层间耦合的其他 LM。

4.2　液相剥离

在液体环境中，可以利用超声波将石墨剥离成单层的石墨烯。液相剥离一般包括 3 个过程：（1）将石墨块分散在溶剂中；（2）超声剥离；（3）提纯净化。其中第一步的溶液可以是水溶液，也可以是非水溶液，第三步需要利用超速离心法将剥离下来的石墨烯从未剥离的石墨块中分离。

液相剥离（LPE）法制备的石墨烯的产量可以使用不同的计算方法。按质量计算 Y_W（%）为剥离下来的石墨材料的质量与起始石墨块的质量之比。SLG 的百分产量 Y_M（%）为分散体中 SLG 的数量与石墨片的总数量之比。按质量计算 SLG 的产量，Y_{WM}（%）为分散的 SLG 的总质量与所有分散的薄片的总质量之间的比率。Y_W（%）并没有给出通过剥离得到的产品的质量（例如剥离出的产品的组成，或者 SLG、BLG 的百分比等）。因为它考虑了所有的石墨材料，包括 SLG、FLG 和较厚的石墨片，因此它不能量化 SLG 的数量，而只是量化分散体中石墨材料的总量。而 Y_M（%）和 Y_{WM}（%）能够对剥离获得的产品中的 SLGs 进行定量。

Y_M 可以利用透射电子显微镜（TEM）和原子力显微镜（AFM）来测量。在 TEM 中，可以通过分析石墨片的边缘或者电子衍射图案来计算层数，AFM 则通过测量沉积的薄片的高度并除以石墨的层间距离 0.34nm 来计算得出层数。尽管这样，对 SLG 高度的估算与衬底有着密切的关系。例如，在 SiO_2 衬底上沉积的 SLG 的高度约为 1nm，而在云母上沉积的 SLG 的高度约为 0.4nm。拉曼光谱经常被用来确定 Y_M 的数值。Y_{WM}（%）需要估算所有分散的薄片的总质量以及 SLG 的质量，这样计算比较准确同时也比较耗时。但是，如果需要定量分析，在没有 Y_{WM} 的情况下，则必须要有 Y_M 和 Y_W 数据。

4.2.1 石墨的液相剥离

超声波辅助剥离由流体动力学切变力控制，与空化作用相关，空化作用是由于压力的波动导致的液体中气泡或空隙的形成、生长和坍塌。剥离后，溶剂与石墨烯之间的相互作用需要与石墨烯片间的吸引力达到平衡。

分散石墨烯理想的溶剂是能够最小化液体和石墨烯薄片之间的界面张力。一般来说，当固体表面浸没在液体介质中时，界面张力起着关键作用。如果固体和液体之间的界面张力比较大，那么固体在液体中的可分散性就会比较小。当石墨浸入在溶液中时，如果两者的界面张力较高，则石墨薄片倾向于彼此黏附，并且它们之间的内聚力（即分离两个平坦表面所需的每单位面积的能量）较高，这样会阻碍它们在液体中分散成石墨烯。当液体的表面张力（即由于其分子的内聚性而允许其抵抗外力的液体表面的性质）γ 约为 40mN/m[14]时，最适合作为剥离石墨烯的分散剂，因为它们使溶剂和石墨烯之间的界面张力最小化。

大多数 γ 约为 40mN/m 的溶剂，例如 N-甲基吡咯烷酮（NMP）、二甲基甲酰胺（DMF）、苯甲酸苄酯、γ-丁内酯（GBL）等都具有一些缺点。例如，NMP 可能对生殖器官有毒，而 DMF 可能对多个器官有毒性作用。此外，这些溶剂具有较高的沸点（＞450K），剥离石墨后难以被除去。因此，可以使用低沸点溶剂，例如丙酮、氯仿、异丙醇等代替。水是"天然"的溶剂，但是，对于石墨烯和石墨块的分散，其γ约为72mN/m[15]（比NMP高30mN/m）比较高。在这种情况下，利用线性链表面活性剂，例如十二烷基苯磺酸钠（SDBS）或胆汁盐等可以通过库仑排斥作用防止石墨片再聚集。然而，在石墨烯薄片的应用方面，使用表面活性剂或聚合物可能会降低其电导率。

在均匀的或者具有一定密度梯度的媒介中使用超速离心法可以剥离比较厚的石墨片。第一种称为差速超速离心，第二种称为密度梯度超速离心。差速超速离心根据每种颗粒的沉降速率将其分离。差速超速离心是最常用的分离方法。迄今为止，已生产出从几纳米到几微米的薄片，浓度高达几毫克/毫升。较高的浓度能够满足大尺寸复合材料的生产。通过在SDC中使用SBS进行温和超声处理可以实现高达70%的Y_M，而在NMP中能够实现Y_M约为33%。

通过密度梯度超速离心法（DGU）能够实现对层数的控制：将石墨薄片在预先成型的DGM中进行超速离心，如图4-4a和b所示。在此过程中，石墨在离心力的作用下沿着比色皿移动，直到它们到达相应的等密度点，即它们的浮力密度等于周围DGM的浮力密度点。浮力密度定义为在相应的等密度点处介质的密度（ρ）。等密度分离已经被用于将CNT按直径、金属与半导体和空间螺旋特性进行分类。尽管这样，与不同直径的CNT不同，石墨片具有相同的密度，因此需要另一种方法来引起密度差异：用表面活性剂覆盖薄片导致浮力密度随层数增加，见图4-4c。图4-4d是用脱氧胆酸钠（SDC）进行等密度分离后的比色杯的照片。迄今为止，通过使用等密度分离报道的Y_M高达约80%。

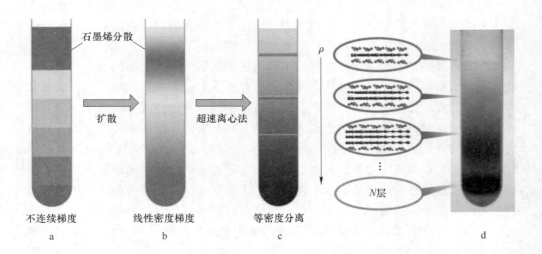

图 4-4　石墨薄片在 DGM 中进行超速离心的过程

另一种方法是所谓的速率区域分离（RZS）。这种方法是利用不同尺寸、形状和质量的纳米颗粒的沉降速率的差异，而不是纳米颗粒密度的差异，例如等密度分离。RZS 用于分离不同尺寸的薄片，尺寸越大，沉降速率越大。

LPE 成本较低并且易于扩展，不需要昂贵的生长基质。如图 4-5 所示，石墨烯主要以导电油墨（图 4-5a）、薄膜（图 4-5b）和复合材料（图 4-5c）的形式用于相关应用。因此，石墨烯最好被制作成片状的形式，这样能够最大化其活跃的表面积。最终得到的材料通过不同的技术，例如滴涂和浸涂（图 4-5d）、棒涂

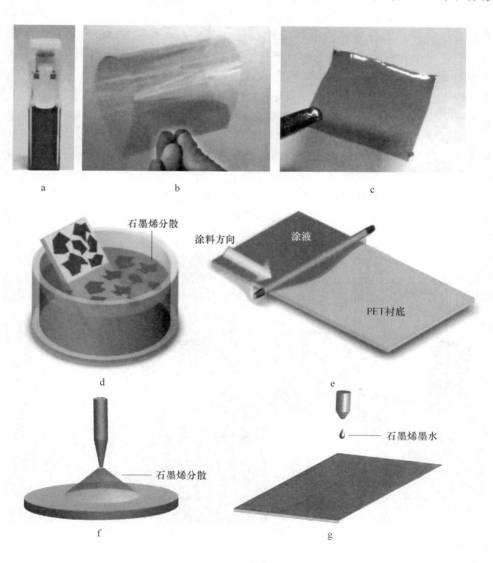

图 4-5　石墨烯的相关应用形式

（图 4-5e）和喷涂（图 4-5f）、筛网和喷墨印刷（图 4-5g）、真空过滤等，能够被沉积在不同的衬底上。

利用高质量的石墨烯墨水进行喷墨印刷的 TFTs 的电子迁移率已经达到了 $100cm^2/(V \cdot s)$，为基于石墨烯的可印刷的电子器件的发展打下了良好的基础。

由于在剥离过程中会引起石墨面的断裂，导致 LPE 获得的薄片的尺寸受到限制，而纯化过程则分离出大量的未剥落的薄片。迄今为止，LPE-SLG 的面积大多低于 $1\mu m^2$。

当前的目标是进一步发展 LPE 技术以获得不同层数、不同薄片厚度和横向尺寸的石墨烯片，以及所得分散体的流变性（即密度、黏度和表面张力）性质。需要结合理论和实验来充分了解石墨在不同溶剂中的剥离过程，以优化离心场中薄片的分离，从而实现具有良好形态特性的 SLG 和 FLG。

理想的结果是开发出能够获得单个薄片的技术。光学镊子可以捕获、操纵、控制和组装电介质粒子、单原子、细胞和纳米结构，也可用于在液体环境中捕获石墨烯层或石墨烯纳米带。将光钳（OT）与拉曼光谱仪结合，可以测试溶液的组成和排序图层编号。剥离产量的评估对于进一步改进 LPE 至关重要。剥离下来的石墨烯片的结构可以通过高分辨透射电子显微镜（HRTEM）、扫描透射电子显微镜（STEM）、电子能量损失光谱（EELS）和原位透射电子显微镜（TEM）来进行表征。这些技术能够对剥落的石墨烯片进行原子级别的表征，也可以原位研究结构缺陷对材料电学性能的影响。

K. R. Paton 等[16]报告了一种基于石墨剪切混合的制备方法，如图 4-6 所示。在旋转过程中，剪切混合器充当泵，利用离心力将液体和固体驱向转子和定子的边缘进行混合，如图 4-6b 所示。这个过程伴随着剧烈的（功率密度约为 100W/L）

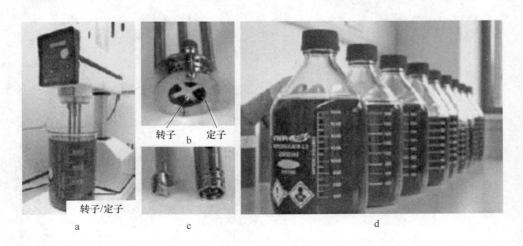

图 4-6　石墨剪切混合的制备方法流程图

剪切，在转子和筛网之间形成所需要的材料，然后通过定子中的穿孔流出进入液体。该方法可以产生约为 1.4g/h 的 FLG，$Y_W = 3.35\%$。

4.2.2 氧化石墨的液相剥离

LPE 技术不仅能够剥离原始的石墨碳，还能够对氧化石墨进行剥离。

图 4-7a 是 D. Li 等人报道的氧化石墨还原法的原理图[17]。这种方法是先将石墨经过氧化处理后，使其边缘或是基面引入 C＝O、C—OH、—COOH 等官能团形成氧化石墨，减弱了石墨层间的范德华力，增强了石墨的亲水性，然后将氧化石墨分散在溶剂中，之后再通过破坏层与层之间的作用力，得到氧化石墨烯。先氧化成氧化石墨烯的好处在于，其结构和石墨烯类似，同样都是准二维的平面结构[18]，如图 4-7b 所示，但却可以通过适当的化学液相还原、电化学还原或高温

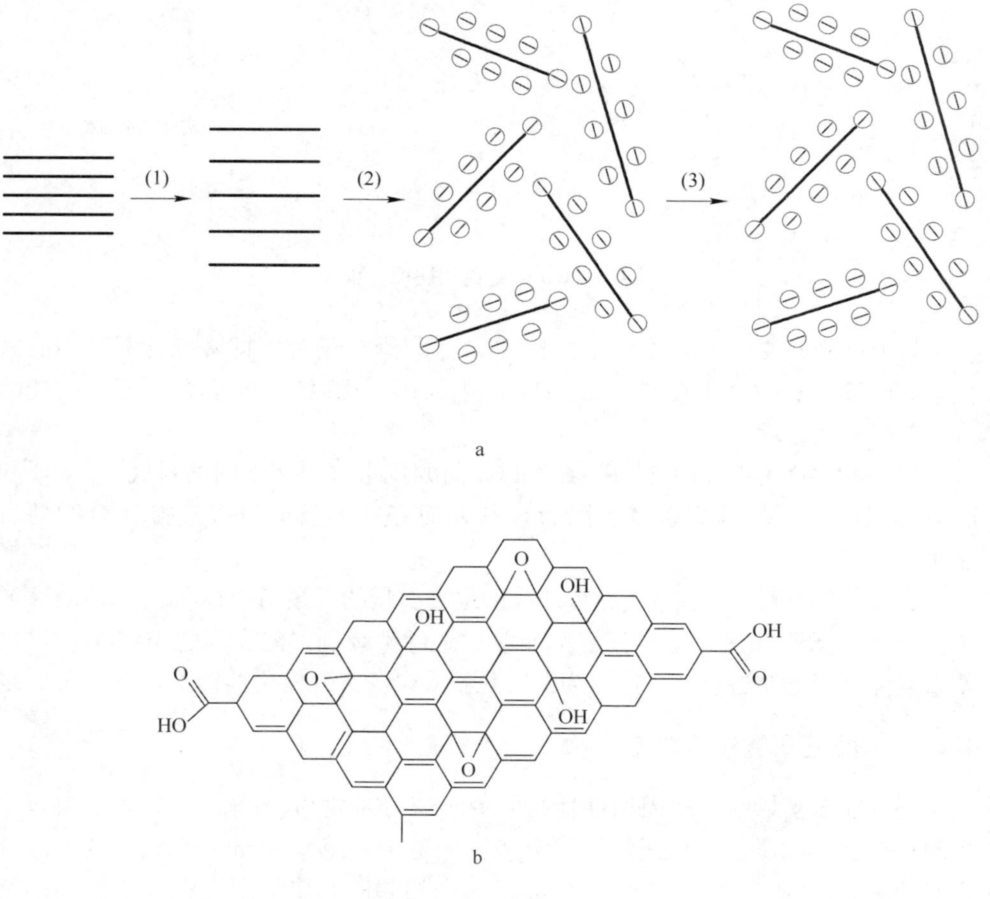

a

b

图 4-7 氧化石墨还原法的原理图（a）和氧化石墨烯示意图（b）

退火等办法，将氧化石墨烯上的含氧官能团去掉，还原成石墨烯，甚至可直接分散在不同溶剂中[19~21]。利用此法还原得到的石墨烯单片大小约为数微米。

这种方法成本低，也比较容易实现，但制备的石墨烯为各种层数的混合物，并且含氧官能团很难被彻底去除，使得石墨烯的缺陷较多，各项性能较差。

1958 年，F. Bonaccorso[22]使用硫酸、硝酸钠和高锰酸钾的混合物对石墨进行氧化得到了带有一些官能团（例如羟基或环氧基团）的 GO，如图 4-8 所示。

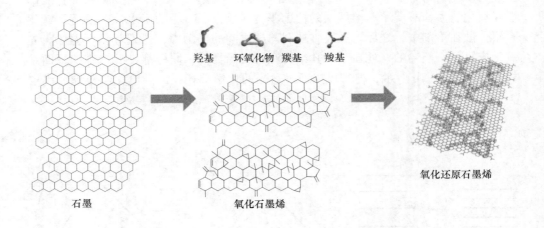

图 4-8　GO 的合成和还原过程图

目前已经开发出了多种方法来化学"还原" GO 薄片，即降低含氧基团的氧化态。1962 年，发展出在碱性分散体中还原 GrO，用以生产较薄的石墨片（能够达到单层）。

GO 和 RGO 可以使用与 LPE 石墨烯相同的技术沉积在不同的衬底上。GO 和 RGO 是复合材料的理想选择，因为在其表面存在大量的可以连接聚合物的官能团。

加热条件下对 GO 进行还原可能会产生高质量的石墨烯。在无氧环境（Ar 或 N₂）中进行激光加热，空间分辨率能够达到微米级别，温度高达 1000℃，可以使石墨烯微图案制造成为可能，为图案化石墨烯的大规模生产铺平道路。

4.2.3　插层石墨的液相剥离

通过在石墨烯层之间周期性地插入原子或分子物质（插层剂）来形成石墨层间化合物（GIC）。GIC 通常以"分级"指数 m 表征，例如两个相邻的插入剂之间的层数。例如，一个 3 阶 GIC 即每 3 个相邻的石墨烯层夹在 2 个插入层之间，如图 4-9 所示。

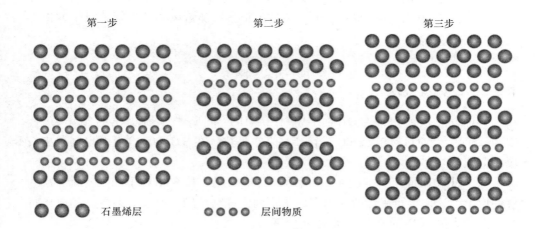

图 4-9　石墨插层化合物

1840 年 C. Schafhaeutl 等[23]首次记录了 GICs。M. S. Dresselhaus[24]和 M. J. Inagaki 等[25]则总结了 GIC 的发展历史。Hoffman 和 Fenzel 于 1931 年利用 X 射线衍射首次确定了阶段指数。系统的研究始于 20 世纪 70 年代末。

具有不同分级指数的原子或分子的嵌入导致 GICs 产生了各种各样的电学、热学和磁学性质，这使 GICs 具有作为高电导材料的潜力。自 20 世纪 70 年代以来，五氟化锑（SbF_5）和五氟化砷（AsF_5）等金属氯化物或五氟化物插层剂的 GIC 受到了极大的关注。

GIC 可以是超导的，常压下，CaC_6 GICs 的转变温度高达 11.5K，并且随着压力的增加而升高。此外，由于较大的层间距，GIC 也有希望用于储氢。自 20 世纪 70 年代以来，GIC 已经在电池中商业化，特别是在锂离子电池中。随着固体电解质的引入，GIC 也被用作锂离子电池中的负电极（放电期间的阳极）。

最常见的制备策略是利用石墨和插层剂之间的温度差异，采用双区蒸汽输送技术进行插层，例如使用氯气（Cl_2）等气体，用于插入氯化铝（$AlCl_3$）。GIC 可以通过单个（用于二元或三元 GIC）或多个步骤生成，后者常用于在不可能直接嵌入的情况下制备 GICs。

目前已经有数百种含有施主（碱金属、碱土金属、镧系元素、金属合金或三元化合物等）或受主的插层剂（即卤素、卤素混合物、金属氯化物、酸性氧化物等）的 GIC 被报道。

需要注意的是，许多 GIC 在空气中容易被氧化，因此，需要一个可控的环境对其进行制备加工，这在 GIC 的生产中引入了附加步骤，所以，GIC 在 LPE 生产石墨烯中尚未得到广泛的应用。最近，I. Khrapach 等[26]报道了将 $FeCl_3$ 插入

FLGs，其在空气中的稳定性长达 1 年。

另外，溶剂的作用和寻找新的插层策略也是至关重要的，特别是对于获得大量的 LPE 石墨烯。

4.3　SiC 热蒸发法

这种方法是加州理工学院的 W. A. De Heer 团队[27,28] 所提出的制作方法。C. Berger 等[29] 通过对单晶 SiC 进行超高真空加热，在 SiC(0001)面上也制备出石墨烯薄膜。

在 Si(0001)面上，如图 4-10 所示，石墨烯层生长在相对于 SiC 表面的富碳缓冲层上。这层类石墨烯薄膜由碳原子排列成蜂窝结构，但没有石墨烯的电子特性，因为大约 30% 的 C 与 Si 形成共价键。

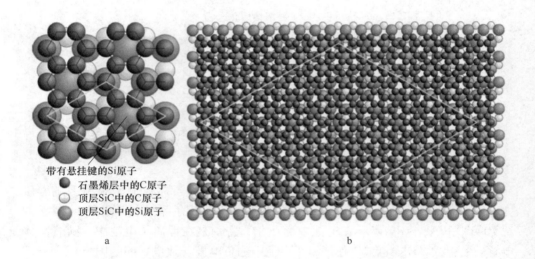

带有悬挂键的Si原子
● 石墨烯层中的C原子
○ 顶层SiC中的C原子
● 顶层SiC中的Si原子

a   b

图 4-10　SiC 立体结构模型（a）和 SiC（0001）表面上的石墨烯结构模型（b）

缓冲层可以通过 H 嵌入与 Si（0001）面形成耦合，成为具有典型线性 π 带的准自支撑 SLG。相比之下，石墨烯与 C（0001）面之间的相互作用要弱得多。

石墨烯在 SiC 上的生长通常被称为"外延生长"，SiC（0.3073nm）和石墨烯（0.246nm）之间存在非常大的晶格失配，当 Si 从 SiC 衬底蒸发后，C 重新排列成六边形结构形成石墨烯，而不是像传统的外延生长工艺中那样，石墨烯沉积在 SiC 表面上，如图 4-11 所示。

理想状态是在晶格匹配的同构基板上生长石墨烯，使缺陷密度最小化，例如传统半导体中的适配位错情况[30]。然而，除了石墨之外（其上生长石墨烯被称

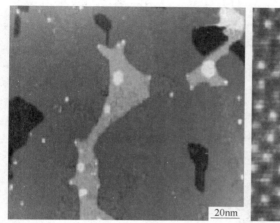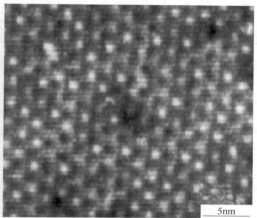

图 4-11 利用 SiC 热蒸发法制备的石墨烯

为同质外延），很少有与石墨烯同构且几乎晶格匹配的基板。目前，有两种可能满足上述要求的潜在基质，h-BN 和六方密堆积（hcp）钴（Co）[22]。h-BN 与石墨烯具有最低的晶格失配约为 1.7%。Co 金属在 $T<400℃$ 时与石墨烯也具有较小的晶格失配约为 2%。还有其他的 hcp 金属，如钌（Ru）、铪（Hf）、钛（Ti）、锆（Zr），但它们的晶格失配比 Co 和石墨烯之间的大得多。还有一些面心立方金属，如镍（Ni）、铜（Cu）、钯（Pd）、铑（Rh）、银（Ag）、金（Au）、铂（Pt）和铱（Ir）在（111）平面上与石墨烯具有一系列的晶格失配。因此，从外延生长的角度来看，能够在 H. Ago 等[31]报道的单晶 Co 衬底上生长石墨烯最为理想。

如果不是因为石墨烯和 SiC 之间的晶格失配也非常大，对于 4H-SiC（Si-面）和 6H-SiC（C-面）都约为 25%，SiC 衬底可以是制备石墨烯的天然衬底。有报道称 LMs 在高度非晶格匹配的衬底上可以作为缓冲层生长，这是由于它们与下面的衬底的弱结合。在这种情况下，由于它们的化学键的各向异性性质，膜平行于基板生长。石墨烯在 SiC 上的生长可以用类似的方式描述[32~34]。

石墨烯在 SiC 上的生长速率取决于特定极性的 SiC 晶面[35]。石墨烯在 C 面上的形成速度比在硅面上快得多。在碳面上，更容易制备出大尺寸的多层无序石墨烯晶畴（约为 200nm）。在硅面上，超高真空（UHV）退火导致尺寸较小的晶畴（为 30 ~ 100nm）[36]。小晶畴结构归因于衬底在高温退火过程中表面形态的变化[37]。

到目前为止，这种制备方法获得的石墨烯具有较好的电学性质。在 Si 面上制备的石墨烯的 RT μ 达到了 ~500 – 2000cm^2/(V · s)，在 C 面上制备的石墨烯具有更高的 μ 值为 10000 ~ 30000cm^2/(V · s)。最近，J. Baringhaus 等[38]报道了在 SiC（0001）衬底上制备的 40nm 宽的 GNR，经过测量得到一个异常高的 μ 值。制备的 GNR 在大于 10μm 的长度尺度上显示出弹性电导（环境温度为 4K），μ 约为 6×10^6cm^2/(V · s)，这相当于方块电阻值 R_s 约为 1Ω/sq。IBM 利用 SiC 上制备的石墨烯制作的 FET 的截止频率高达 100GHz[39]。

SiC 上的石墨烯具有以下优点：SiC 是用于高频电子器件、光发射器件及辐射器件的已成熟的衬底。利用 SiC 衬底上生长的石墨烯薄膜制备的顶栅晶体管已经达到晶圆级。高频晶体管也被证明具有比相同栅极长度的 Si 晶体管高出 100GHz 的截止频率[40]。SiC 上的石墨烯已经被发展为基于量子霍尔效应（QHE）的电阻标准。

由于残留大量的 Si—C 键，利用 SiC 热蒸发法制备的石墨烯很难被转移到其他衬底。D. S. Lee 等[41]通过类似胶带法将石墨烯从 SiC 基底上转移到其他衬底，但是效果并不好。因为 SiC 化学性质相当稳定，利用湿化学刻蚀法将这种石墨烯转移到其他衬底也相当困难，而且这种方法需要相当高的真空度和极高的温度，另外单晶 SiC 价格昂贵，因此这种方法也不利于制备大面积石墨烯薄膜。

未来的挑战是如何更好地控制层数的均匀性（目前不是 100% 单层）。这可以通过更好地控制误切角度，控制由衬底引起的掺杂等途径来实现。其他的目标是在图形化的 SiC 衬底上制备石墨烯，实现在 SiC 的 C 面上生长单层石墨烯的可控性，提高 SiC 衬底上制备的石墨烯的质量以及更好地理解在生长和表面处理过程中产生缺陷的机理。

4.4　化学气相沉积（CVD）

CVD 法被广泛用于薄膜材料、晶体以及非晶体的沉积生长。固体，液体或者气体都可以被用作源材料。几十年来，CVD 一直是制造半导体器件中沉积材料的常用方法。

最早使用 CVD 法在过渡金属表面合成单晶石墨的实验是 1966 年由美国约翰霍普金斯大学的 A. E. Karu 小组[42]进行的。他们将 Ni 箔置于甲烷（CH$_4$）气氛中加热到 900℃ 以上并且维持一段时间，在 Ni 的催化作用下 CH$_4$ 发生脱 H 反应，得到的 C 原子在 Ni 金属表面形成几十纳米厚的石墨薄膜。2004 年，A. K. Gein 团队利用胶带法得到单层石墨烯并且测量出石墨烯优异的物理性质后，石墨烯的研究才开始受到大家的重视。CVD 法是制备碳纳米管的主要方法之一，而石墨烯和碳纳米管都是 C 的 sp^2 杂化结构，使得这种方法也开始应用于制备石墨烯[43]。CVD 法制备石墨烯的基本原理是将衬底置于 C 源气体中加热并且保持恒温一段时间，C 源气体进行脱氢反应而将 C 原子还原出来，还原出的 C 原子在衬底上沉积、成键，逐渐形成石墨烯薄膜。

CVD 法制备石墨烯的反应装置的主体为加热炉和石英管。衬底托置于石英管的中间，目前报道过的衬底主要有钼（Mo）[44,45]、Co[46]、Cu[47～50]、Ru[51]、Ni[52]、Ir[53]、Pd[54]、Pt[55]和 Au[56]等金属，也有六角 BN[57]、Si_3N_4[58]、SiO_2[59]等非金属衬底，甚至不锈钢[60]材料。利用 CVD 方法在 Ni 和 Cu 金属上制备石墨烯的生长机理被研究得最为透彻[47,61]。但是，CVD 法制备的石墨烯通常为多晶结构，具有大量的晶界，降低了石墨烯薄膜的电学性能[62]，并且，在过渡族金属上生长的石墨烯薄膜在转移到其他衬底的过程中，产生的缺陷和引入的杂质也会对石墨烯薄膜的性能造成一定影响。

前驱体的类型通常取决于可用的物质、产生所需膜的原因，以及具体应用的成本效益。有许多不同类型的 CVD 工艺，例如，热 CVD 和等离子体增强 CVD（PECVD），冷壁，热壁 CVD 等。同样，类型取决于可用的前驱体、材料质量、厚度和所需的结构；成本也是需要考虑的重要部分。不同前驱体类型的 CVD 设备的主要区别是气体输送系统。在固体前驱体的情况下，固体先高温蒸发然后被输送到沉积室，或者使用适当的溶剂溶解，输送到蒸发器，然后输送到沉积室。前驱体的输送也可以通过载气辅助，这取决于所需的沉积温度、前驱体反应性或生长速率，也可能需要引入外部能量源以帮助前驱体分解。CVD 法制备石墨烯中的前驱体一般为烃类气体，如 CH_4[63]、乙烯（C_2H_4）、乙炔（C_2H_2）等，也有小组选用其他 C 源，如 P. R. Somani 等[64]在 Ni 衬底上热解樟脑制备石墨烯，A. Dato 等[65]用乙醇液滴作为 C 源制备石墨烯。外加 Ar 和 H_2 作为载气和催化气体。

目前，应用最广泛的制备方法是成本较低的 PECVD。反应的气态前驱体产生等离子体，允许相对于热 CVD 在较低的温度下沉积材料。然而，由于等离子体会破坏所沉积的材料，因此需要合理设计设备沉积系统并选择能够使这种破坏最小化的工艺方案。有些 CVD 的生长过程是很复杂的，许多情况下不是很容易被理解，PECVD 的运行方式也是多种多样。在 PECVD 的过程中最重要的是使设计的沉积系统与要沉积的材料和前驱体相匹配。由于石墨烯是单一元素的材料，所以石墨烯的沉积系统相比多组分沉积系统要简单一些。与许多其他材料一样，石墨烯的生长可以使用各种各样的前驱体、液体、气体和固体。可以利用热 CVD 或 PECVD，在不同的生长室、不同的气压和衬底温度下进行石墨烯的制备。

4.4.1 金属衬底上热 CVD 法制备石墨烯

1966 年，A. E. Karu 等[66]将金属 Ni 暴露在 CH_4 中，然后在 900℃条件下制备石墨碳。1969 年，J. May 等[67]报道了将 C_2H_2 和 C_2H_4 进行热分解生成环状带

有 C 元素的 LEED 图案。进一步分析表明，环状图案（多晶）是由旋转无序的石墨造成的。J. May 还讨论了单层膜的生长，这是生长石墨的第一步，并且利用 X 射线衍射（XRD）对其进行了证明。同时，J. May 等证明了在金属衬底上利用 CVD 法制备石墨烯的可能性。1971 年，J. Perdereau 等通过热蒸发石墨棒得到了多层的 FLG 结构。1984 年 Kholin 等人通过 CVD 在 Ir 上生长石墨烯，以研究在碳存在的情况下 Ir 的催化和热离子性质。从那时起，其他团队将金属（如单晶 Ir）暴露于碳前驱体气氛中，并研究了 UHV 中石墨膜的形成。

石墨烯在金属上生长的前期研究主要集中在了解 C 存在下金属表面的催化和热离子活性。2004 年之后，研究目标才转移到石墨烯的生长上来。利用 LPCVD 在金属 Ir(111) 上以乙烯作为前驱体制备的石墨烯具有非常好的连续性。金属 Ir 被用作制备 CVD 石墨烯的衬底是因为金属 Ir 具有较低的碳溶解度。但是由于 Ir 的化学惰性，制备在其上的石墨烯很难被转移。于是人们开始寻求更适合产生 SLG 的金属衬底。

2006 年，P. R. Somani[68] 等报道了以樟脑作为前驱体，利用 CVD 法在 Ni 衬底上制备石墨烯。在他们的实验中，整个制备过程分为两个阶段，第一阶段是在 180℃ 条件下将樟脑沉积在 Ni 箔上，第二阶段樟脑在 700～850℃ 条件下热分解。通过 TEM 他们观察到获得的石墨烯大概由 35 层单层石墨烯组成，层间距大概为 0.34nm。这个报道为利用 CVD 法制备大面积的石墨烯薄膜提供了新的思路。2007 年，A. N. Obraztsov 等[69] 报道了在 Ni 衬底上成功制备了薄层的石墨，他们的前驱体由 H_2 和 CH_4 的混合气组成，流量比为 92：8，在 5.3～10.6Pa 压力，950℃ 条件下，引入 $0.5A/cm^2$ 直流电，制备出 1～2nm 厚度的多层石墨烯，如图 4-12 所示。

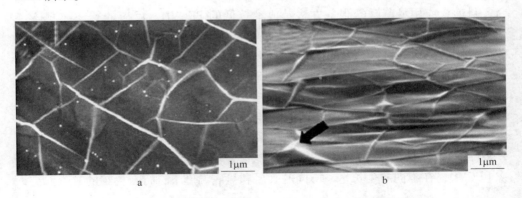

图 4-12　利用直流放电方法在 Ni 衬底上制备的 CVD 石墨烯的 SEM 图像

2008 年，Q. K. Yu 等[70] 报道了在多晶 Ni 衬底上以 CH_4 为前驱体制备出高质量的石墨烯薄膜。他们在 1000℃ 条件下，CH_4：H_2：$Ar = 0.15：1：2$，总气体流量为 315sccm，通过 HRTEM 测试，所制备的石墨烯为 3～4 层，如图 4-13 所示。

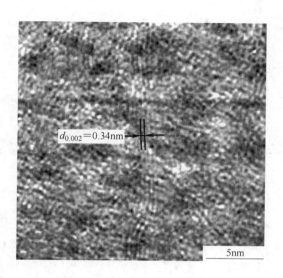

$d_{0.002}=0.34nm$

5nm

图 4-13 Ni 衬底上制备的石墨烯的 HRTEM 图像

该报道同时分析了 Ni 片上生长石墨烯薄膜的机理，如图 4-14a 所示。他们以不同的降温速率，快速降温（20℃/s）、中速降温（10℃/s）和慢速降温（0.1℃/s），在 0.5mm 厚的 Ni 片上生长石墨烯薄膜。图 4-14b 为三种降温速率下样品的拉曼测试结果，图中快速降温对应的信号是石墨信号，慢速降温没有获得信号，中速降温才获得石墨烯的信号。他们分析在 Ni 上利用 CVD 法制备石墨烯的生长机理为 C 的溶解析出机制，他们给出如下解释：在 Ni 的催化作用下，CH_4 首先进行脱 H 反应，形成的 C 原子溶入 Ni 金属中。由于 C 在 Ni 中的溶解度随温度降低而减小，在降温的过程中，过饱和的 C 就会在 Ni 表面析出。当降温速率过快时，如 20℃/s，大量 C 原子还没来得及从 Ni 金属中析出，并且在 Ni 表面扩散形成石墨烯，就发生固化而形成无定形石墨；当降温速率适中时（10℃/s），适量的 C 原子从 Ni 金属内部析出并在 Ni 表面扩散形成石墨烯；当降温速率很慢时（0.1℃/s），C 原子有足够长的时间扩散至 Ni 金属内部，导致 Ni 表面没有足够的 C 原子而无法形成晶体。

随后，A. Reina 等[71] 报道了在 Ni 膜衬底上成功制备出单层或多层的石墨烯薄膜，并且利用湿法刻蚀将石墨烯转移到目标衬底。他们首先在 SiO_2/Si 衬底上利用电子束蒸发制备出 Ni 膜，然后在 H_2 和 Ar 混合气氛下在 900～1000℃下对 Ni 膜进行退火 10～20min，然后以稀释的碳氢化合物气体作为前驱体，在常压下 900～1000℃制备石墨烯薄膜。利用 HRTEM 测试所制备的石墨烯薄膜为 1～10 层，如图 4-15a～c 所示，拉曼光谱测试见图 4-15d。

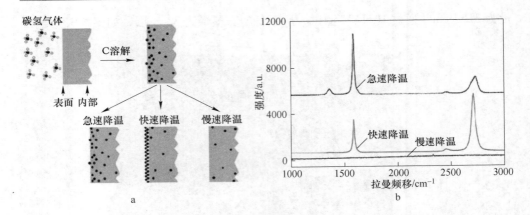

图 4-14   Ni 衬底上制备石墨烯的机理示意图（a）和不同降温速率下
制备的石墨烯的拉曼光谱（b）

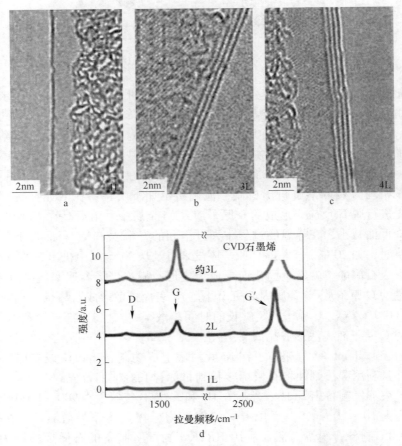

图 4-15   Ni 衬底上制备的石墨烯薄膜的 HRTEM 图像（a～c）和石墨烯的拉曼光谱（d）

X. Li 等[72]在 2009 年第一次报道了在多晶 Cu 衬底上利用 CH_4 的热催化分解制备出大面积（cm^2）较均匀的石墨烯薄膜。由于 C 对 Cu 的溶解度较低，整个生长过程几乎是自限制的，例如，当 Cu 表面完全被石墨烯覆盖的时候，石墨烯停止生长，仅有 5% 左右的区域为 BLG 或 3LG。它们的生长过程如下：在压力为 5.3Pa，H_2 流量为约 2sccm 条件下，将石英管升温到 1000℃，对 Cu 衬底进行退火。退火结束后，在压力为 66.5Pa 条件下通入 35sccm CH_4 进行石墨烯生长。通过 HRTEM 和 Ramna 测试表明，所制备的石墨烯为单层、双层以及三层石墨烯。同时，他们利用 C 同位素标定法证明了 Q. K. Yu 等人的结论，并且提出了 CVD 方法在 Cu 衬底上制备石墨烯的生长机理（图 4-16）。他们分别在 700nm 厚的 Ni-SiO_2/Si 衬底和 25μm 厚的 Cu 箔上制备石墨烯。在生长过程中，每隔一段时间，交换通入一定量的 $^{12}CH_4$ 和 $^{13}CH_4$ 气体。通过对生长后的石墨烯进行拉曼平面扫描测试，发现 Ni 膜上石墨烯的 C 同位素 ^{12}C 和 ^{13}C 是随机分布的，而 Cu 箔上石墨烯的 C 同位素是按照通入顺序呈扩散状分布的。这是因为，C 在 Ni 中的溶解度较高，使得 C 原子在高温时溶解到 Ni 金属内部，降温时 C 在 Ni 中的溶解度变低，不稳定的 C 原子从 Ni 金属内部析出到表面，扩散而形成石墨烯。而 C 在 Cu 中的溶解度较低，绝大多数的 C 原子只能吸附在 Cu 表面扩散，形成石墨烯晶畴，

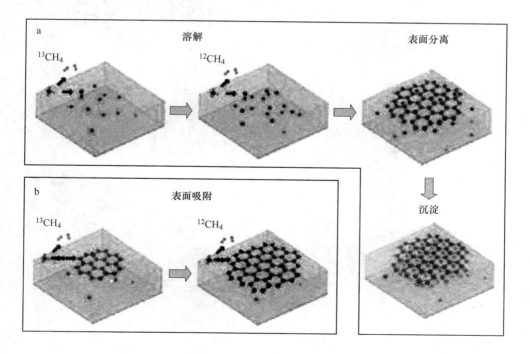

图 4-16　不同生长机制下碳同位素的分布：C 的溶解、
表面析出机制（a）和 C 的表面吸附机制（b）

最后合并在一起形成连续的石墨烯薄膜。

V. P. Verma 等[73] 报道了大尺寸石墨烯薄膜制备的突破性进展。他们以 15cm×5cm 尺寸的 Cu 箔作为衬底,放入半径为 2in 的石英管中制备石墨烯薄膜。如图 4-17a 和 b 所示。他们在 1atm（1atm = 101325Pa）,1000℃ 条件下,以 H_2 : CH_4 = 4 的比例制备石墨烯薄膜。然后将制备的石墨烯薄膜利用一种热压分层技术将石墨烯转移到目标衬底,如图 4-17e 所示。他们制备的大尺寸石墨烯薄膜作为柔性透明导电薄膜被应用在场效应发射器件中,如图 4-17c 和 d 所示。

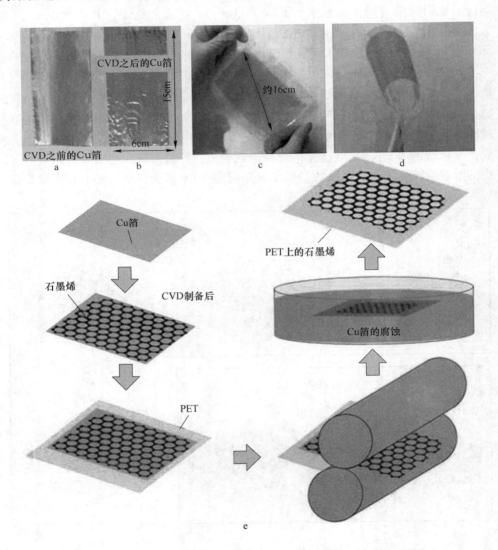

图 4-17　大尺寸石墨烯薄膜的制备以及转移流程图

S. Bae[74]等报道了利用 R2R 技术将尺寸约为 50cm、电子迁移率 μ 大于 7000cm^2/（V·s）的石墨烯薄膜转移到柔性衬底应用在触摸屏中，如图 4-18 所示。他们的制备过程如下：在 11.9Pa 气压、1000℃、H$_2$ 气氛中，对 Cu 衬底进行热退火，然后在 61.1Pa、1000℃、24sccmCH$_4$ 和 8sccmH$_2$ 条件下，生长石墨烯，生长时间为 30min。然后以约 10℃/min 的降温速率在 11.9Pa，H$_2$ 气氛下降温。然后利用 HRTEM 和 Raman 对所制备的石墨烯进行表征，所制备的石墨烯薄膜主要为单层。

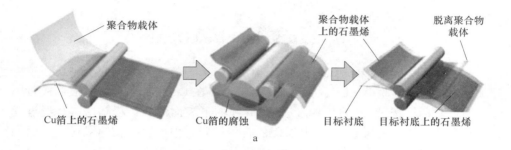

图 4-18　R2R 技术制备石墨烯薄膜

4.4.2　绝缘衬底上热 CVD 法制备石墨烯

A. Ismach 等[75]在 2010 年首先报道了在绝缘衬底上制备石墨烯薄膜。他们首先利用电子束沉积在绝缘衬底上沉积一层 Cu 膜，然后利用 CVD 法在 13.3 ～ 66.5Pa、1000℃条件下制备石墨烯薄膜。由于 Cu 的催化作用，在 Cu 衬底的上表面形成了石墨烯薄膜，然后利用热蒸发将 Cu 膜从绝缘衬底表面去除，这样留下了石墨烯薄膜直接在绝缘衬底表面。石英玻璃上直接制备石墨烯示意图如图4-19所示。

图4-19　石英玻璃上直接制备石墨烯示意图

　　C. Y. Su 等[76]在2011年同样报道了利用Cu膜直接在绝缘衬底上制备石墨烯薄膜。在他们的实验中，CH_4分解的C原子不仅在Cu膜的上表面扩散形成石墨烯，而且C原子透过Cu的晶界渗透到Cu膜的下表面形成石墨烯薄膜，经过优化生长参数，并且去除Cu膜和上表面的石墨烯膜，他们直接在绝缘衬底表面得到连续的晶圆级的石墨烯膜，如图4-20所示。

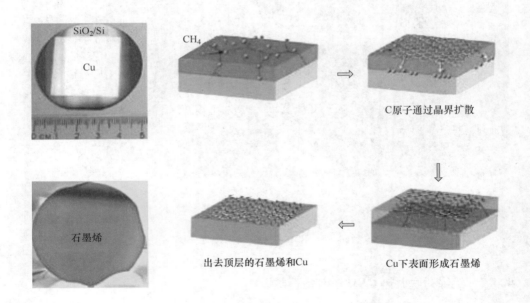

图4-20　SiO_2衬底上直接制备石墨烯示意图

　　2015年刘忠范小组[77]直接在玻璃衬底上制备出大面积均匀的石墨烯薄膜，

并且直接将该石墨烯玻璃用于加热器件、透明电极以及光催化面板中，有效降低了这些器件的结构成本，如图4-21所示。

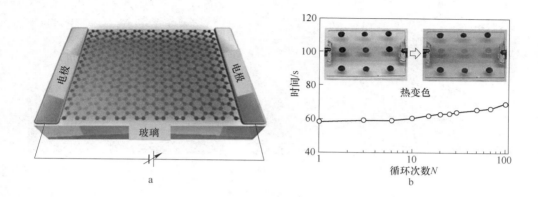

图4-21 石墨烯玻璃作为加热装置的应用（a）和用石墨烯玻璃制成的
热致变色显示器的循环性能（b）

如上所述，石墨烯薄膜直接在电介质表面上的生长是备受期望的。直接在绝缘衬底上制备石墨烯薄膜避免了转移过程中对石墨烯造成损坏，能够有效地保证石墨烯薄膜的质量。尽管目前已经取得了一定的进展，但是在绝缘衬底上制备单晶有序、大面积均匀、低缺陷密度的石墨烯薄膜仍然需要进一步的研究，最重要的是获得具有一定带隙的石墨烯薄膜。

4.4.3 CVD法制备大尺寸石墨烯晶畴

由于CVD石墨烯具有多晶性[78]，使得增大石墨烯单晶尺寸成为提高石墨烯薄膜电学性能的有效途径。目前，通过优化生长参数，控制石墨烯成核，大尺寸[79~82]甚至毫米级[83]尺寸的石墨烯晶畴已经制备出来，并且符合典型的微米级石墨烯器件的尺寸要求。

2011年，成会明小组[84]通过在Pt衬底上重复制备石墨烯晶畴，最终制备出毫米级六角形单晶石墨烯晶畴，如图4-22所示。经过电学性能测试，该石墨烯晶畴的电子迁移率达到$7100cm^2/(V \cdot s)$。

2012年，中国科学技术大学的王冠中团队[85]通过对Cu衬底进行长时间高温退火，提高了Cu衬底的表面活性，降低了Cu衬底的缺陷密度，然后通过优化生长参数，制备出毫米级尺寸的石墨烯晶畴，如图4-23所示。

吴天如等[86]通过将碳前驱体局部供给到优化合金比的Cu-Ni合金衬底，制备出厘米级的石墨烯单晶畴，如图4-24所示。

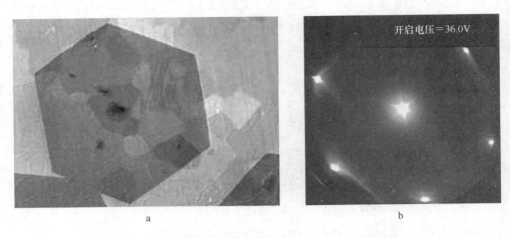

图 4-22　生长在 Pt 衬底上的单晶石墨烯晶畴的 SEM 图像（a）和 Micro-LEED 图像（b）

图 4-23　Cu 衬底上制备的毫米级石墨烯晶畴的光学显微镜图像

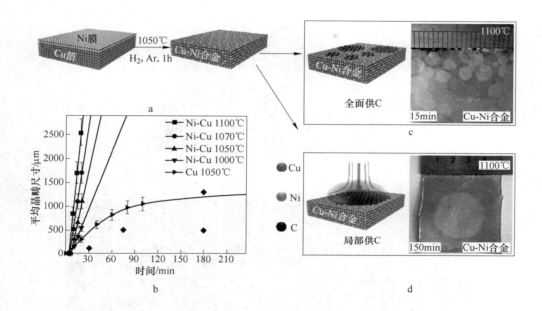

图 4-24　在 $Cu_{85}Ni_{15}$ 的合金衬底上制备的单晶石墨烯晶畴流程示意图（a、c、d）和
不同温度下石墨烯晶畴的生长速率（b）

4.5　其他制备方法

4.5.1　过渡金属表面析出法

1970 年，J. T. Grant 与 T. W. Haas 等[87]将 Ru 高温退火后，发现在 Ru 表面会出现石墨烯薄膜。2007 年，Y. Pan 团队[88]与 J. Wintterlin 团队[89]都发表了使用类似方法制备石墨烯的结果。他们分析这些石墨烯是来自吸附在 Ru 金属内部间隙的碳杂质在高温退火下析出金属表面的结果。

4.5.2　碳纳米管解理法

D. V. Kosynkin 和 L. Y. Jiao 的研究小组[90,91]在 Nature 杂志上各自发表了碳纳米管解理法制备石墨烯纳米带的文章。如图 4-25 所示，碳纳米管通过高锰酸钾和硫酸氧化处理或者通过等离子刻蚀处理，其表面的 C—C 键被打断，形成石墨烯纳米带。

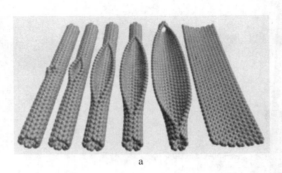

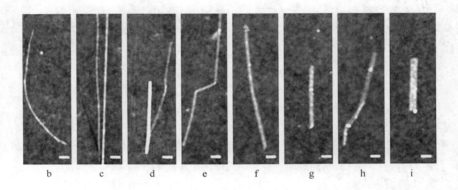

图 4-25　碳纳米管解理法模拟图（a）和碳纳米管解理得到
石墨烯纳米带过程的 AFM 图像（b～i）

（标尺为 100nm）

4.6　石墨烯的表征技术

4.6.1　光学显微镜

　　单层石墨烯仅有一个原子层厚，但是将其附着在一些衬底上时是可以通过光学显微镜直接观察到的。例如，当 SiO_2 的厚度满足条件（一般为 100nm 或 300nm）时，由于光学衍射和干涉效应最为明显，导致图像颜色和对比度发生变化，能很好地观察到 SiO_2 上的石墨烯。

　　图 4-26a 清晰地展示了生长在 Cu 衬底上的石墨烯晶畴的形状和大小。在图 4-26b 中，单层石墨烯晶畴同衬底 SiO_2 的颜色差别不大，具有较高的透光率。

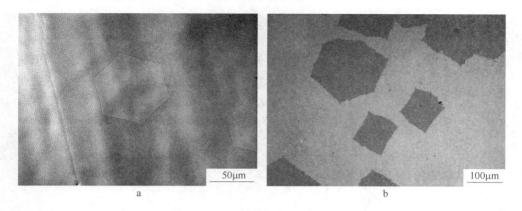

图 4-26　生长在抛光 Cu 衬底（a）和转移到 SiO_2 衬底（b）上的
石墨烯晶畴的光学显微镜图像

4.6.2　原子力显微镜

原子力显微镜（AFM）是 1986 年由 Binnig、Quate 和 Gerber 在扫描隧道显微镜基础上研制出来的更先进的扫描探针显微镜，利用对微弱力（引力、排斥力、摩擦力、静电力等）非常敏感的弹性悬臂上的针尖在样品表面运动，做光栅扫描，通过测量某一物质特性，从而得到样品表面结构形貌图像。原子力量微镜原理示意图见图 4-27。

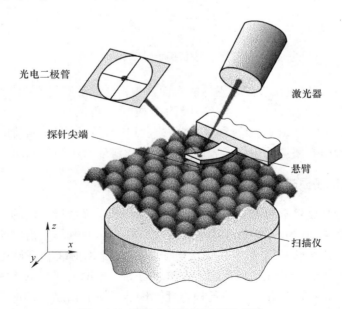

图 4-27　原子力显微镜原理示意图

　　图 4-28 是针尖端头原子与样品表面原子间的作用力与距离的关系。当间隙较大时，两者之间不存在作用力，当针尖接近样品表面时，将出现吸引力（van der Waals 力），随着间隙减小吸引力增大，直到力曲线的最低点，继续缩小间隙，针尖和样品原子外围电子将出现相互排斥的静电力，这个排斥力比吸引力增长快（如果仅仅考虑两个原子的相互斥力，它与间隙缩小呈指数增长），吸引力与排斥力的合力开始减小，直到作用力为零。

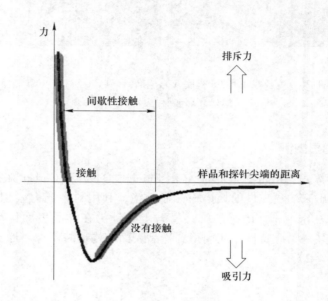

图 4-28　原子间作用力随距离的变化关系

　　利用 AFM 可以直接观测石墨烯的表面形貌，还能够获得石墨烯的厚度信息。但是石墨烯暴露在空气中表面容易吸附杂质，对测量效果会有一定影响。图 4-29 为生长在抛光 Cu(a) 和转移到 SiO_2 衬底(b) 上的石墨烯晶畴的 AFM 图片，能够清晰地看出石墨烯的表面形貌以及上面的褶皱还有吸附的杂质。

4.6.3　扫描电子显微镜

　　扫描电子显微镜（SEM）是介于透射电镜和光学显微镜之间的一种微观形貌观察手段。图 4-30 为 SEM 的原理示意图。当高能入射电子轰击物质表面时，被轰击的区域将产生特征 X 射线、二次电子、连续谱 X 射线和俄歇电子，以及在红外光、可见光、紫外光区域产生的电磁辐射等。理论上利用电子和物质的相互作用，可以获得被测样品本身的各种物理、化学性质的信息，如形貌、组成、晶体结构、电子结构和内部电场或磁场等。SEM 就是基于电子束与物质的相互作用，直接利用样品表面材料的物质性能进行微观成像的。

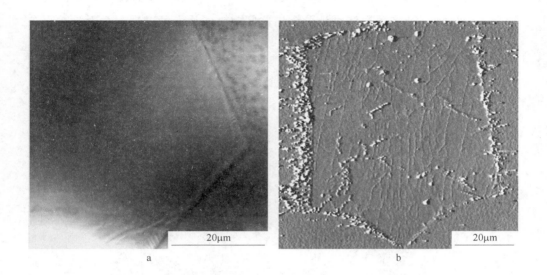

a   b

图 4-29　生长在抛光 Cu 衬底（a）、转移到 SiO$_2$ 衬底（b）上的
石墨烯晶畴的 AFM 图像

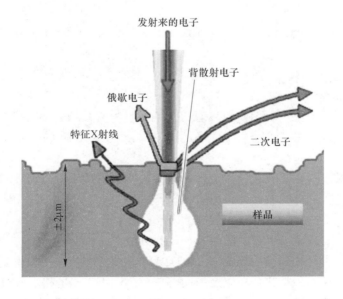

图 4-30　扫描电子显微镜原理示意图

石墨烯表面的起伏多为纳米量级，而且石墨烯发射二次电子的能力很低[92]，所以石墨烯在 SEM 下很难成像。附着在衬底上的石墨烯，表面存在大量微小的褶皱，SEM 可以清晰地分辨出这些褶皱，从而可以辨别石墨烯的存在与否。

图 4-31 是 CVD 法制备的六角形石墨烯晶畴刻蚀前后的 SEM 图片[93]，从图中能够清晰地看出石墨烯的形状以及刻蚀以后表面的刻蚀条纹。

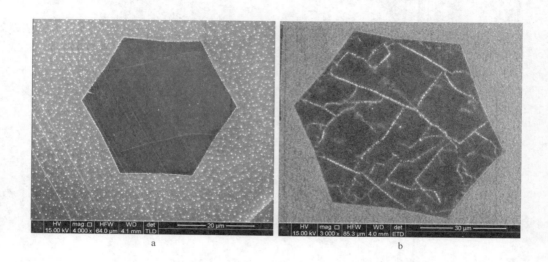

图 4-31　六角形石墨烯晶畴刻蚀前（a）和刻蚀后（b）的 SEM 图像

4.6.4　透射电子显微镜

透射电子显微镜（TEM）可以直接对纳米材料的结构、形貌进行观察，获取直观的信息。TEM 在金属、半导体、生物材料等众多领域的测量中，发挥着重要的作用。

电子容易被物体吸收或发生散射，其穿透能力很低，所以需要将样品制成薄片。石墨烯具备这样的条件，可以直接进行 TEM 测试。图 4-32a 和 b 为石墨烯的 TEM 图像[94]，由衬度变化能够看出石墨烯的基本轮廓，图 4-32a 中的插图为石墨烯的 SAED 谱，显示出石墨烯中 C 原子排列成六边形。

通过高分辨（High Resolution，HRTEM）模式，可以进一步得到石墨烯样品的晶体结构、缺陷种类和分布以及取向等信息。图 4-33a 是利用 HRTEM 对 Cu 网微栅上的石墨烯进行表征时，观察到的由单层 C 原子紧密排列的二维蜂窝状石墨烯点阵结构[95]。利用 HRTEM 对石墨烯层片的边缘进行观察，还可以确定石墨烯的层数[96]，如图 4-33b 所示。

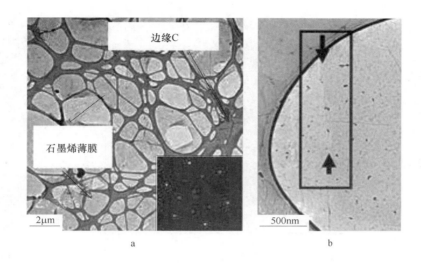

图 4-32　Cu 网微栅上石墨烯的 TEM 图像

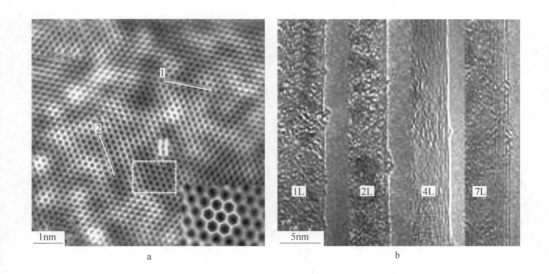

图 4-33　单层石墨烯（a）以及不同层数石墨烯（b）的 HRTEM 图像

利用 TEM 中的选区电子衍射仪（Selected Area Electron Diffraction，SAED）可以得到石墨烯样品的衍射花样，根据电子衍射的几何关系就可以算出晶面间距的信息，从而可以判断石墨烯的晶体结构，同时也能够为石墨烯的层数判定提供依据。

4.6.5 拉曼光谱

拉曼光谱表征技术的基本原理是拉曼散射效应，其原理如图 4-34 所示。目前被广泛应用于碳材料的分析，如碳纳米管[97]以及石墨烯[98]。

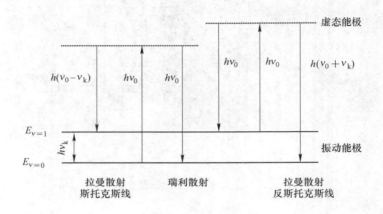

图 4-34　拉曼和瑞利散射能级示意图

图 4-35 是典型的石墨烯的拉曼光谱图[99]。从图中可以看出，两个特征峰分

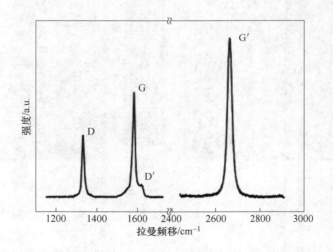

图 4-35　石墨烯拉曼光谱的特征峰位

别位于 2700cm^{-1} （2D 峰，也称为 G'峰）和 1580cm^{-1} （G 峰）。其中，2D 峰起源于非弹性散射和双声子双共振过程[100,101]，而 G 峰是 C 的 sp^2 结构的特征峰，与 sp^2 杂化的 C 原子的 E$_{2g}$ 拉曼活性模相关，反映其结晶程度和对称性。位于 1350cm^{-1} 附近的 D 峰为缺陷峰，反映 C 材料的无序性。在拉曼光谱中，G 峰与 2D 峰的比值 I_G/I_{2D} 被认为与石墨烯薄膜的厚度有关，比值越大，石墨烯薄膜越厚。D 峰与 G 峰的比值 I_D/I_G 被认为是与石墨烯的缺陷成正比例，与石墨烯晶畴尺寸大小成反比的。

图 4-36a 和 b 为在波长分别为 514nm 和 633nm 的激光下测得的不同厚度石墨烯的 Raman 光谱的 2D 峰对比图。从图中可以看出，随着石墨烯层数的增加，峰位发生蓝移，从双层开始出现峰的叠加现象。

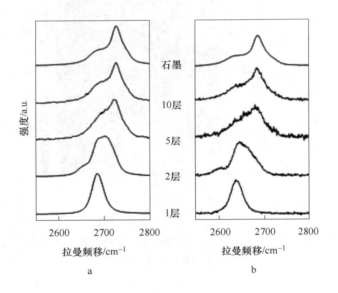

图 4-36　石墨烯在 514nm （a）和 633nm （b）激光下测得的
Raman 光谱的 2D 峰对比

当需要表征石墨烯薄膜的均匀性时，可以利用拉曼光谱仪的平面扫描功能 （Mapping）对石墨烯进行面扫描。如图 4-37a 所示，为石墨烯晶畴放在空气中不同氧化时间对应的 Raman 光谱的 I_D/I_G 的面扫描图[102]。利用拉曼光谱对石墨烯进行面扫描，能够更加清晰地分析石墨烯的均匀性以及缺陷分布等信息。图 4-37b 为 CVD 法生长的一个石墨烯晶畴的 2D 峰的拉曼面扫描。

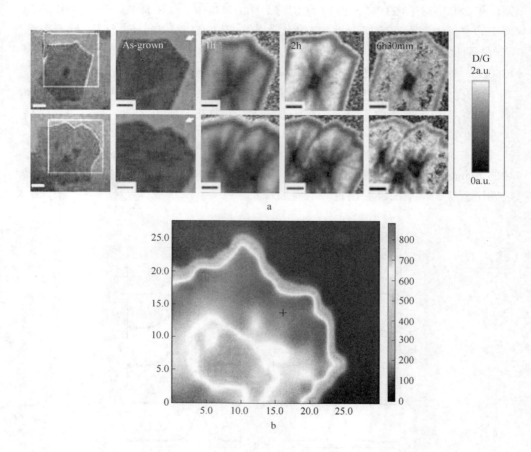

图 4-37　在空气中氧化后的石墨烯的 D/G 面扫描 （a） 和石墨烯
晶畴 2D 峰的拉曼面扫描 （b）

4.7　石墨烯的转移技术

　　CVD 法制备石墨烯受到重视之后，将生长在催化金属上的石墨烯薄膜转移到其他衬底成为石墨烯应用的重要前提条件。

　　目前常见的方法是利用腐蚀溶液（稀 HNO_3、$FeCl_3$ 溶液等），将催化金属腐蚀掉，待金属完全溶解后，石墨烯会漂浮在溶液表面，如图 4-38 所示。然后使用目标衬底如 SiO_2、石英玻璃和 PET 膜等将其捞起，用去离子水多次清洗后，完成后续电子器件的制备。由于石墨烯很薄，在腐蚀催化金属衬底之前，为了保护石墨烯在浸泡过程中不受到破坏，先在石墨烯上均匀覆盖一层保护层，一般常用

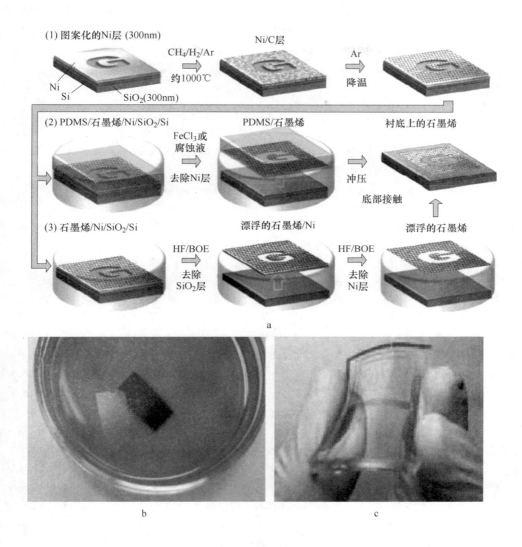

(1) 图案化的Ni层 (300nm)　　　　　　　Ni/C层

CH₄/H₂/Ar
约1000℃

Ar
降温

Ni
Si
SiO₂(300nm)

(2) PDMS/石墨烯/Ni/SiO₂/Si　　　　PDMS/石墨烯　　　　衬底上的石墨烯

FeCl₃或
腐蚀液
去除Ni层

冲压
底部接触

(3) 石墨烯/Ni/SiO₂/Si　　　　漂浮的石墨烯/Ni　　　　漂浮的石墨烯

HF/BOE
去除
SiO₂层

HF/BOE
去除
Ni层

a

b　　　　　　　　　　　　　　c

图 4-38　利用化学气相沉积法和酸刻蚀法制备的石墨烯透明导电薄膜流程图

的保护层为聚甲基丙烯酸甲酯（polymethyl methacrylate，PMMA）和聚二甲基硅氧烷（polydimethylsiloxane，PDMS）[103]。2008 年，美国麻省理工学院的 A. Reina[94] 小组用这种方法把 Ni 上生长的石墨烯转移到 SiO₂ 衬底上。他们使用 PMMA 作为转移媒介，先将 PMMA 旋涂到石墨烯表面，再用稀盐酸腐蚀 Ni 衬底，得到覆盖有 PMMA 的石墨烯薄膜，然后将其粘贴到目标衬底 SiO₂ 上，最后用丙酮清洗掉 PMMA，得到转移至 SiO₂ 衬底的石墨烯。三星电子的 Jae-Young Choi 和 B. H. Hong 小组[104]利用这种办法，在 PET 基板上制备出具有图案、片电阻约为

280Ω/sq、可见光波段透光率约为 80% 的透明导电薄膜。2010 年，韩国 S. Bae 等[77]首次采用热释放胶带作为转移媒介，将 Cu 上生长的 30in 的石墨烯薄膜利用 Roll-to-roll 法成功转移至 PET 膜衬底。

参 考 文 献

[1] Lu X, Yu M, Huang H, et al. Tailoring Graphite with the goal of achieving single sheets [J]. Nanotechnology, 1999, 10: 269~272.

[2] Novoselov K S, Jiang D, Schedin F, et al, Two-dimensional atomic crystals [J]. Proc. Natl. Acad. Sci. USA, 2005, 102: 10451~10453.

[3] Novoselov K S, Geim A K, Morozov S V, et al. Electric field effect in atomically thin carbon films [J]. Science, 2004, 306: 666~669.

[4] Zhang Y, Small J P, Pontius W V, et al. Fabrication and electric field dependent transport measurements of mesoscopic graphite devices [J]. Appl. Phys. Lett. , 2005, 86: 073104.

[5] Novoselov K S, Jiang D, Schedin F, et al. Two-dimensional atomic crystals [J]. PNAS, 2005, 102: 10451~10453.

[6] Tang Y B, Lee C S, Chen Z H, et al. High-quality graphenes via a facile quenching method for field-effect transistors [J]. Nano Lett. , 2009, 9: 1374~1377.

[7] Sidorov A N, Yazdanpanah M M, Jalilian R, et al. Electrostatic deposition of graphene [J]. Nanotechnology, 2007, 18: 135301.

[8] Neugebauer P, Orlita M, Faugeras C, et al. "How perfect can graphene be?"[J]. Phys. Rev. Lett. , 2009, 103: 136403.

[9] Elias D C, Gorbachev R V, Mayorov A S, et al. Dirac cones reshaped by interaction effects in suspended graphene [J]. Nat. Phys. , 2011, 7: 701~704.

[10] Ni A H, Ponomarenko L A, Nair R R, et al. On resonant scatterers as a factor limiting carrier mobility in graphene [J]. Nano Lett. , 2010, 10: 3868~3872.

[11] Shukla A, Kumar R, Mazher J, et al. Graphene made easy: high quality, large-area samples [J]. Solid State Commun. , 2009, 149: 718~721.

[12] Maeda T, Otsuka H, Takahara A. Dynamic covalent polymers: Reorganizable polymers with dynamic covalent bonds [J]. Progr. Polym. Sci. , 2009, 34: 581~604.

[13] Dhar S, Roy Barman A, Ni G X, et al. A new route to graphene layers by selective laser ablation [J]. AIP Adv. , 2011, 1: 022109.

[14] Hernandez Y, Nicolosi V, Lotya M, et al. High-yield production of graphene by liquid-phase exfoliation of graphite [J]. Nature Nanotech. , 2008, 3: 563~568.

[15] Israelachvili J N. Intermolecular and surface force [M]. Boston: Academic Press, 2011.

[16] Paton K R, Varrla E, Backes C, et al. Scalable production of large quantities of defect-free few-layer graphene by shear exfoliation in liquids [J]. Nature Mater. , 2014, 13: 624~630.

［17］ Li D, Muller M B, Gilje S, et al. Processable aqueous dispersions of graphene nanosheets ［J］. Nat Nano, 2008, 3: 101～105.

［18］ Xu C, Wu X, Zhu J, et al. Synthesis of amphiphilic graphene oxide ［J］. Carbon, 2008, 46: 386～389.

［19］ Eda G, Fanchini G, Chhowalla M. Large-area ultrathin film of reduced graphene oxide as a transparent and flexible electronic material ［J］. Nat. Nano, 2008, 3: 270～274.

［20］ Si Y, Samulski E T. Synthesis of water soluble graphene ［J］. Nano Lett. , 2008, 8: 1679～1682.

［21］ Tung V C, Allen M J, Yang Y, et al. High-throughput solution processing of large-scale graphene ［J］. Nat. Nano, 2009, 4: 25～29.

［22］ Bonaccorso F, Lombardo A, Hasan T, et al. Production and processing of graphene and 2d crystals ［J］. Mater. Today, 2012, 15: 564～589.

［23］ Schafhaeutl C. On the combinations of carbon with silicon and iron, and other metals, forming the different species of cast iron, steel, and malleable iron ［J］. Phil. Mag. , 1840, 16: 570～590.

［24］ Dresselhaus M S, Dresselhaus G. Intercalation compounds of graphite ［J］. Adv. Phys. , 2002, 51: 1～186.

［25］ Inagaki M J. Application of graphitc intercalation compounds ［J］. Mater. Res. , 1989, 4: 1560～1568.

［26］ Khrapach I, Withers F, Bointon T H, et al. Novel highly conductive and transparent graphene-based conductors ［J］. Adv. Mater. , 2012, 24: 2844～2849.

［27］ De Heer W A, Berger C, Wu X, et al. Epitaxial graphene ［J］. Solid State Communications, 2007, 143: 92～100.

［28］ Berger C, Song Z, Li X, et al. Electronic confinement and coherence in patterned epitaxial graphene ［J］. Science, 2006, 312: 1191～1196.

［29］ Berger C, Song Z, Li T, et al. Ultrathin epitaxial graphite: 2D electron gas properties and a route toward graphene-based nanoelectronics ［J］. The Journal of Physical Chemistry B, 2004, 108: 19912～19916.

［30］ Pashley D W. Highangle patterns ［J］. Proc. Phys. Soc. Lond. A, 1956, 65: 33.

［31］ Ago H, Ito Y, Mizuta N, et al. Epitaxial chemical vapor deposition growth of single-layer graphene over cobalt film crystallized on sapphire ［J］. ACS Nano, 2010, 4: 7407～7414.

［32］ Ueno T, Yamamoto H, Saiki K, et al. Epitaxial growth of monolayer $MoSe_2$ on GaAs ［J］. Appl. Surf. Sci. , 1997, 33: 113～134.

［33］ Koma A. Van der Waals epitaxy for highly lattice-mismatched systems ［J］. J. Cryst. Growth, 1999, 201/202, 236～241.

［34］ Jaegermann W, Rudolph R, Klein A, et al. Perspectives of the concept of van der Waals epitaxy: growth of lattice mismatched GaSe (0001) films on Si (111), Si (110) and Si (100) ［J］. Thin Solid Films, 2000, 380: 276～281.

［35］ De Heer W A, Berger C, Ruan M, et al. Large area and structured epitaxial graphene produced by confinement controlled sublimation of silicon carbide ［J］. Proc. Natl. Acad. Sci. USA,2011,108：16900 ~ 16905.

［36］ Hass J, Millán-Otoya J E, First P N, et al. Interface structure of epitaxial graphene grown on 4H-SiC（0001）［J］. Phys. Rev. B, 2008, 78：205424.

［37］ Emtsev K V, Bostwick A, Horn K, et al. Towards wafer-size graphene layers by atmospheric pressure graphitization of silicon carbide ［J］. Nature Mater. , 2009, 8：203 ~207.

［38］ Baringhaus J, Ruan M, Edler F, et al. Exceptional ballistic transport in epitaxial graphene na-noribbons ［J］. Nature, 2014, 506：349 ~354.

［39］ Lin Y M, Dimitrakopoulos C, Jenkins K A, et al. 100-GHz Transistors from wafer-scale epitax-ial graphene ［J］. Science, 2010, 327：662.

［40］ Schwierz F. Graphene transistors ［J］. Nature Nanotech. , 2010, 5：487 ~496.

［41］ Lee D S, Riedl C, Krauss B, et al. Raman spectra of epitaxial graphene on SiC and of epitaxial graphene transferred to SiO₂ ［J］. Nano Lett. , 2008, 8：4320 ~4325.

［42］ Karu A E, Beer M. Pyrolytic formation of highly crystalline graphite films ［J］. J. App. Phys. , 1966, 37：2179 ~2181.

［43］ Park S, Rouff R S. Chemical methods for the production of graphene ［J］. Nat. Nano, 2009, 4：217 ~224.

［44］ Wang B, Zhang Y H, Chen Z Y, et al. High quality graphene grown on single-crystal Mo （110）thin films ［J］. Mater. Lett. , 2013, 93：165 ~168.

［45］ Wu Y W, Yu G H, Wang H M, et al. Synthesis of large-area graphene on molybdenum foils by chemical vapor deposition ［J］. Carbon, 2012, 50：5226 ~5231.

［46］ Varykhalov A, Rader O. Graphene grown on Co （0001）films and islands：Electronic structure and its precise magnetization dependence ［J］. Physical Review B, 2009, 80：035437.

［47］ Li X, Cai W, An J, et al. Large-area synthesis of high-quality and uniform graphene films on copper foils ［J］. Science, 2009, 324：1312 ~1314.

［48］ Li X, Magnuson C W, Venugopal A, et al. Large-area graphene single crystals grown by low-pressure chemical vapor deposition of methane on copper ［J］. Nano Lett. 2010, 10：4328 ~4334.

［49］ Tao L, Lee J, Chou H, et al. Synthesis of high quality monolayer graphene at reduced tempera-ture on hydrogen-enriched evaporated copper（111）Films ［J］. ACS nano, 2012, 6：2319 ~2325.

［50］ Gao L, Ren W, Zhao J, et al. Efficient growth of high-quality graphene films on Cu foils by ambient pressure chemical vapor deposition ［J］. Appl. Phys. Lett. , 2010, 97：183109.

［51］ Sutter P W, Flege J I, Sutter E A. Epitaxial graphene on ruthenium ［J］. Nat. Mater. , 2008, 7：406 ~411.

［52］ Usachov D, Dobrotvorskii A, Varykhalov A, et al. Experimental and theoretical study of the morphology of commensurate and incommensurate graphene layers on Ni single-crystal surfaces ［J］. Phys. Rev. B, 2008, 78：085403.

［53］ Coraux J, N'Diaye A T, Busse C, et al. Structural coherency of graphene on Ir（111）［J］.

Nano Lett. , 2008, 8: 565~570.

[54] Kwon S Y, Ciobanu C V, Petrova V, et al. Growth of semiconducting graphene on palladium [J]. Nano Lett. , 2009, 9: 3985~3990.

[55] Gao L, Ren W, Xu H, et al. Repeated growth and bubbling transfer of graphene with millimetre-size single-crystal grains using platinum [J]. Nature Comm. , 2012, 3: 699.

[56] Oznuluer T, Pince E, Polat E O, et al. Synthesis of graphene on gold [J]. Appl. Phys. Lett. ,2011,98:183101.

[57] Ding X, Ding G, Xie X, et al. Direct growth of few layer graphene on hexagonal boron nitride by chemical vapor deposition [J]. Carbon, 2011, 49: 2522~2525.

[58] Sun J, Lindvall N, Cole M T, et al. Large-area uniform graphene-like thin films grown by chemical vapor deposition directly on silicon nitride [J]. Appl. Phys. Lett. ,2011,98:252107.

[59] Kato T, Hatakeyama R. Direct growth of doping-density-controlled hexagonal graphene on SiO_2 substrate by rapid-heating plasma CVD [J]. ACS nano. , 2012, 6: 8508~8515.

[60] John R, Ashokreddy A, Vijayan C, et al. Single- and few-layer graphene growth on stainless steel substrates by direct thermal chemical vapor deposition [J]. Nanotechnology, 2011, 22: 165701~165707.

[61] Lee S, Lee K, Zhong Z. Wafer scale homogeneous bilayer graphene films by chemical vapor deposition [J]. Nano Lett. , 2010, 10: 4702~4707.

[62] Song H S, Li S L, Miyazaki H, et al. Origin of the relatively low transport mobility of graphene grown through chemical vapor deposition [J]. Scientific Reports, 2012, 2: 337.

[63] Reina A, Jia X T, Ho J, et al. Large area, few-layer graphene films on arbitrary substrates by chemical vapor deposition [J]. Nano Lett. , 2009, 9: 30~35.

[64] Somani P R, Somani S P, Umeno M. Planer nano-graphenes from camphor by CVD [J]. Chem. Phys. Lett. , 2006, 430: 56~59.

[65] Dato A, Radmilovic V, Lee Z, et al. Substrate-free gas-phase synthesis of graphene sheets [J]. Nano Lett. , 2008, 8: 2012~2016.

[66] Karu A E, Beer M, Pyrolytic formation of highly crystalline graphite films [J]. J. Appl. Phys. , 1966, 37: 2179~2181.

[67] May J. Platinum surface LEED rings [J]. Surf. Sci. , 196917: 267~270.

[68] Somani P R, Somani S P, Umeno M. Planar nano-graphene from camphor by CVD [J]. Chemical Physics Lett. , 2006, 430: 56~59.

[69] Obraztsov A N, Obraztsova E A, Tyurnina A V, et al. Chemical vapor deposition of thin graphite films of nanometer thickness [J]. Carbon, 2007, 45: 2017~2021.

[70] Yu Q K, Lian J, Siriponglert S, et al. Graphene segregated on Ni surfaces and transferred to insulators [J]. Appl. Phys. Lett. , 2008, 93: 113103.

[71] Reina A, Jia X T, Ho J, et al. Large area, few-layer graphene films on arbitrary substrates by chemical vapor deposition [J]. Nano Lett. , 2009, 1: 30~35.

[72] Li X, Cai W, Colombo L, et al. Evolution of Graphene Growth on Ni and Cu by Carbon Isotope Labeling [J]. Nano Lett. , 2009, 9: 4268~4272.

[73] Verma V P, Das S, Lahiri I, et al. Large-area graphene on polymer film for flexible and transparent anode in field emission device [J]. Appl. Phys. Lett. , 2010, 20: 96.

[74] Bae S, Kim H, Lee Y, et al. Roll-to-roll production of 30-inch graphene films for transparent electrodes [J]. Nat Nano, 2010, 5: 574～578.

[75] Ismach A, Druzgalski C, Penwell S, et al. Direct chemical vapor deposition of graphene on dielectric surfaces [J]. Nano Lett. , 2010, 10: 1542～1548.

[76] Su C Y, Lu A Y, Wu C Y, et al. Direct formation of wafer scale graphene thin layers on insulating substrates by chemical vapor deposition [J]. Nano Lett. , 2011, 11: 3612～3616.

[77] Sun J Y, Chen Y B, Priydarshi M, et al. Direct chemical vapor deposition-derived graphene glasses targeting wide ranged applications [J]. Nano Lett. , 2015, 15: 5846～5854.

[78] Li X, Magnuson C, Venugopal A, et al. Graphene films with large domain size by a two-step chemical vapor deposition process [J], Nano Lett. , 2010, 10: 4328.

[79] Wang H, Wang G Z, Bao P F, et al. Controllable synthesis of submillimeter single-crystal monolayer graphene domains on copper foils by suppressing nucleation [J]. J. Am. Chem. Soc. ,2012,134:3627～3630.

[80] Li X S, Magnuson C W, Venugopal A, et al. Large-area graphene single crystals grown by low-pressure chemical vapor deposition of methane on copper [J]. J. Am. Chem. Soc. , 2011, 133: 2816～2819.

[81] Wu T, Ding G, Shen H, et al. Triggering the continuous growth of graphene toward millimeter-sized grains [J]. Adv. Funct. Mater. , 2013, 23: 198.

[82] Bi H, Huang F Q, Zhao W, et al. The production of large bilayer hexagonal graphene domains by a two-step growth process of segregation and surface-catalytic chemical vapor deposition [J]. Carbon, 2012, 50: 2703～2709.

[83] Gao L, Ren W, Xu H, et al. Repeated growth and bubbling transfer of graphene with millimetre-size single-crystal grains using platinum [J]. Nat. Commun. , 2012, 3: 699.

[84] Gao L B, Ren W C, Xu H L, et al. Repeated growth and bubbling transfer of graphene with millimetre-size single-crystal grains using platinum [J]. Nature comm. , 2012, 3: 1.

[85] Wang H, Wang G Z, Bao P F, et al. Controllable synthesis of sub-millimeter single-crystal monolayer graphene domains on copper foils by suppressing nucleation [J]. J. Am. Chem. Soc. ,2012,134:3627～3630.

[86] Wu T R, Zhang X F, Yuan Q H, et al. Fast growth of inch-sized single-crystalline graphene from a controlled single nucleus on Cu-Ni alloys [J]. Nature Mater. , 2015, 15: 43～47.

[87] Grant J T, Haas T W. A study of Ru (0001) and Rh (111) surfaces using LEED and auger electron spectroscopy [J]. Surface Science, 1970, 21: 76～85.

[88] Pan Y, Shi D X, Sun J T, et al. Highly ordered, millimeter-scale, continuous, single-crystalline graphene monolayer formed on Ru (0001)[J]. Adv. Mater. ,2009,21:2777～2780.

[89] Marchini S, Gunther S, Wintterlin J. Scanning tunneling microscopy of graphene on Ru (0001)[J]. Phys. Rev. B, 2007, 76: 075429.

[90] Kosynkin D V, Higginbotham A L, Sinitskii A, et al. Longitudinal unzipping of carbon nano-

tubes to form graphene nanoribbons [J]. Nature, 2009, 458: 872 ~ 876.

[91] Jiao L Y, Zhang L, Wang X, et al. Narrow graphene nanoribbons from carbon nanotubes [J]. Nature, 2009, 458: 877 ~ 880.

[92] Luo J, Tian P, Pan C T, et al. Ultralow secondary electron emission of graphene [J]. ACS Nano, 2011, 5: 1047 ~ 1055.

[93] Wang B, Zhang Y H, Zhang H R, et al. Wrinkle-dependent hydrogen etching of chemical vapor deposition-grown graphene domains [J]. Carbon, 2014, 70: 75 ~ 80.

[94] Reina A, Jia X, Ho J, et al. Large area, few-layer graphene films on arbitrary substrates by chemical vapor deposition [J]. Nano Lett. , 2009, 9: 30 ~ 35.

[95] Gu W, Zhang W, Li X, et al. Graphene sheets from worm-like exfoliated graphite [J]. Journal of Materials Chemistry, 2009, 19: 3367.

[96] Bi H, Huang F, Liang J, et al. Transparent conductive graphene films synthesized by ambient pressure chemical vapor deposition used as the front electrode of CdTe solar Cells [J]. Adv. Mater. , 2011, 23: 3202 ~ 3206.

[97] Shin K Y. Study of preferred diameter single-walled carbon nanotube growth [D]. PhD thesis, National Tsing Hua University, 2007.

[98] Blake P, Hill E W, Neto A H C, et al. Making graphene visible [J]. Appl. Phys. Lett. , 2007, 91: 063124.

[99] Malard L M, Pimenta M A, Dresselhaus G, et al. Raman spectroscopy in graphene [J]. Phys. Rep. , 2009, 473: 51 ~ 87.

[100] Ferrari A C, Meyer J C, Scardaci V, et al. Raman spectrum of graphene and graphene layers [J]. Phys. Rev. Lett. , 2006, 97: 187401.

[101] Ni Z, Wang Y, Yu T, et al. Raman spectroscopy and imaging of graphene [J]. Nano Research, 2008, 1: 273 ~ 291.

[102] Han G H, Gunes F, Bae J J, et al. Influence of copper morphology in forming nucleation seeds for graphene growth [J]. Nano Lett. , 2011, 11: 4144 ~ 4148.

[103] Reina A, Son H, Jiao L, et al. Transferring and identification of single-and few-layer graphene on arbitrary substrates [J]. J. Phys. Chem. C, 2008, 112: 17741 ~ 17744.

[104] Kim K S, Zhao Y, Jang H, et al. Large-scale pattern growth of graphene films for stretchable transparent electrodes [J]. Nature, 2009, 457: 706 ~ 710.

5 CVD 法在单晶 Mo 膜衬底上制备高质量石墨烯薄膜

5.1 在 Mo 膜上生长石墨烯薄膜的研究背景

自 2004 年被发现以来，石墨烯已经迅速成为材料科学的研究热点。独特的二维结构和优异的光学、电学、热学、力学特性[1~5]，使石墨烯在纳米电子器件、透明导电薄膜、储能传感器和复合材料等许多领域有着广泛的应用前景[6~10]。

材料的制备是系统研究其性能和应用的前提和基础。目前，使用 CVD 法已成功在 Co、Ni、Cu、Ru、Pd、Ir、Pt 和 Au 等过渡族金属上实现了石墨烯的制备。2012 年，Y. W. Wu[11]等利用 CVD 方法在钼 Mo 箔上成功制备出层数较少、均匀性良好的石墨烯薄膜。通过调节气体流量、生长时间和降温速率等实验参数制备石墨烯薄膜，发现气体流量和生长时间对石墨烯质量影响较小，而不同的降温速率（1.5~10℃/s）可以制备出不同层数（1~3 层）的均匀石墨烯薄膜，如图 5-1 所示。

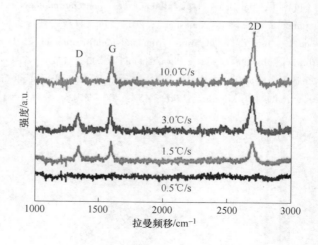

图 5-1 不同降温速率获得的石墨烯的拉曼光谱图

对 Mo 和 C 的二元相图分析和 XRD 对生长前后 Mo 箔的测试结果（如图 5-2 所示）表明，Mo 箔上石墨烯的生长机理与 Ni 相同，为 C 的溶解析出机制。

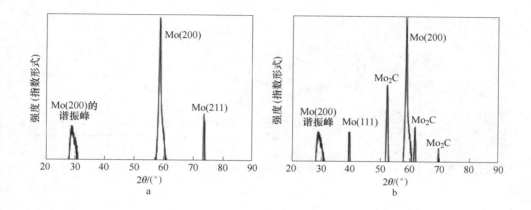

图 5-2　生长前（a）、生长后（b）Mo 箔的 XRD 测试结果

然而，Raman 光谱测试结果显示 Mo 箔上生长的石墨烯薄膜的 D 峰较强，这是由于 Mo 箔熔点较高（2623℃），而生长前退火温度（1050℃）较低，Mo 箔晶粒尺寸过小，并且在多晶 Mo 箔上存在大量的点缺陷，导致石墨烯的成核点多，进而形成的石墨烯薄膜的晶界多，质量差。

而在单晶 Mo 膜上生长的石墨烯 D 峰较弱，这一结果间接证明了 Mo 箔衬底上过小的 Mo 晶粒及其导致的大量晶界降低了后续制备的石墨烯的质量。

5.2　CVD 法在单晶 Mo 膜上制备石墨烯薄膜

本节利用 CVD 法在电子束蒸发制备的单晶 Mo 膜上制备石墨烯薄膜，通过调节气体流量、生长时间、降温速率以及 Mo 膜的厚度，制备出质量较高的连续石墨烯薄膜，并且进一步确定了石墨烯在 Mo 基衬底上的生长机制为溶解析出机制。

5.2.1　电子束蒸发制备单晶 Mo 膜及表征

首先，通过热电子束蒸发，在 α-Al$_2$O$_3$（0001）衬底上沉积了一层 Mo 薄膜，沉积温度为 500℃。

图 5-3a 和 b 分别是生长石墨烯之前 Mo 膜的光学显微镜图片和 XRD 图谱，XRD 图谱中 Mo 膜只显示出（110）峰位，这个结果说明了 Mo 膜的单晶性质，图 5-3c 是生长石墨烯之后的 Mo 膜的 XRD 图谱，除了 Mo 的（110）峰位，还出

现了 Mo₂C 相，说明在生长过程中 C 原子溶解到了金属内部，并且与 Mo 原子发生了反应，引起了 Mo 膜结构的变化。

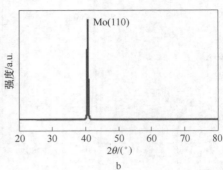

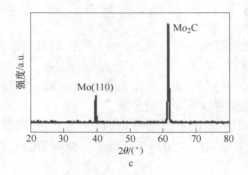

图 5-3　生长石墨烯之前单晶 Mo 膜的光学显微镜图像（a）、XRD 图谱（b）和
生长石墨烯之后 Mo 膜的 XRD 图谱（c）

5.2.2　单晶 Mo 膜上制备石墨烯的过程

图 5-4 为制备石墨烯所用的 CVD 系统的示意图。该系统使用红外灯丝加热，可以实现样品的快速升降温，且升降温速率由程序控制，最快降温速率可以达到 10℃/s。

气体流量控制系统主要使用 Seven Star 公司制造的流量计和流量控制器。本章实验中所使用的气源主要为 H₂、CH₄ 和 Ar，对应的流量计最大量程分别为 500sccm、200sccm 和 1000sccm。

抽真空系统主要由 ULVAC 的旋片式真空泵、真空规和管路系统构成，该系统的最高真空度可达到约 2Pa。石墨烯的生长过程在常压下进行，故生长前需要将整个系统充满保护气体 Ar。使用皮拉尼真空规（Pirani Vacuum Gauge，量程为 0.4Pa～3kPa）检测系统的真空度，低真空度时要关闭皮拉尼真空规，用压力表检测。

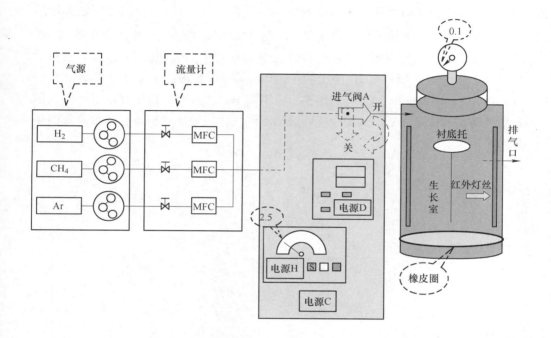

图 5-4　CVD 系统示意图

　　Mo 膜上石墨烯的 CVD 法生长流程包括升温、退火、沉积、冷却四个过程，整个流程都是在常压下完成的。具体过程如下。

　　（1）将用乙醇超声清洗干净的 Mo 膜衬底放入反应室，抽真空至 3Pa 以下，关闭机械泵。

　　（2）通入 Ar 至 1atm，加热生长室至 1000℃。

　　（3）CVD 法生长石墨烯：300nm 厚的单晶 Mo 膜在 1000sccm Ar 和 500sccm H_2 气氛下，1000℃退火 30min，然后调节 H_2 流量至 20sccm，并且通入 10sccm CH_4 生长石墨烯，生长时间为 5～30min，最后在 Ar 气氛下以 1～10℃/s 的降温速率冷却至室温。

　　（4）设备冷却至室温后再次抽真空和充气，以清洗管路。

　　（5）取出样品，表征样品。

5.3 生长参数对石墨烯薄膜质量的影响

5.3.1 H$_2$ 与 CH$_4$ 流量比对石墨烯薄膜性质的影响

在石墨烯的制备过程中，CH$_4$ 的作用是提供 C 源，H$_2$ 的作用是腐蚀无定形 C，提高石墨烯的质量，但是过量的 H$_2$ 也会腐蚀石墨烯，破坏晶格的完整性，降低石墨烯的质量。因此，优化生长过程中 CH$_4$ 和 H$_2$ 的流量，可以提高石墨烯的质量。通过调节 CH$_4$ 与 H$_2$ 的比例在 300nm 厚 Mo 膜衬底上制备石墨烯（生长时间 30min，降温速率 3℃/s）。图 5-5 为不同 H$_2$ 与 CH$_4$ 流量比气氛下，制备的石墨烯薄膜的拉曼光谱。从图中能够看出不同气体流量比对制备石墨烯薄膜的质量影响不大。

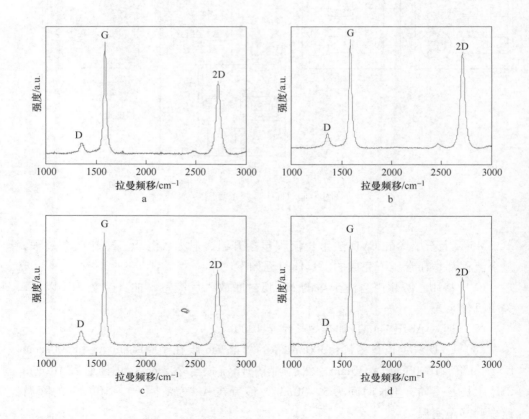

图 5-5 H$_2$ 与 CH$_4$ 流量比分别为 1 : 1(a)、2 : 1(b)、5 : 1(c) 和
1 : 2(d)时生长的石墨烯的拉曼光谱

5.3.2 生长时间对石墨烯薄膜性质的影响

Raman 光谱经常用来表征石墨烯的结构特点。图 5-6a 是生长在 300nm 厚的 Mo 膜上的石墨烯的典型的拉曼光谱，生长时间分别为 5min、10min、15min、30min。在拉曼光谱中，D 峰与 G 峰的比值 I_D/I_G 被认为与石墨烯的缺陷成正比，与石墨烯的晶畴尺寸大小成反比。G 峰与 2D 峰的比值 I_G/I_{2D} 被认为与石墨烯薄膜的厚度有关，比值越大，石墨烯薄膜越厚。从图 5-6b 可以看出，随着生长时间从 5min 延长到 15min，I_D/I_G 减小。这是因为随着生长时间延长，溶解到 Mo膜内部的 C 原子分布越来越均匀，并且在降温过程中，向上析出的 C 原子增大了石墨烯晶畴的尺寸，从而减小了晶畴边缘对于拉曼信号的影响。此外，过长的生长时间（30min）会导致 Mo/Al$_2$O$_3$ 衬底中缺陷密度增加，所以，I_D/I_G 比值有微小的回升。图 5-6a 中各个拉曼峰的 2D 峰的半高宽分别是 53.2cm^{-1}、62.8cm^{-1}、

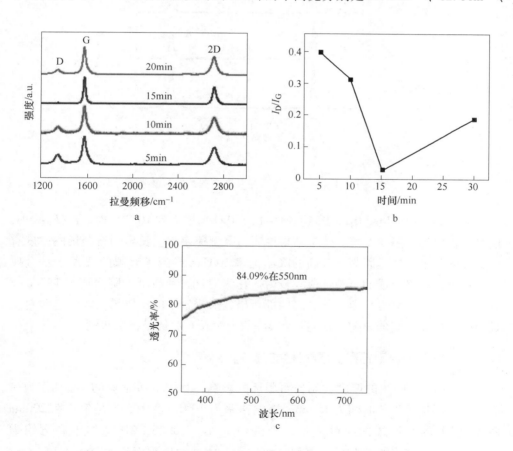

图 5-6 生长时间对生长在 Mo 膜衬底上的石墨烯的影响（a）、生长时间对应的 I_D/I_G 变化（b）和转移到石英片上的石墨烯的透光率（c）

$36.6cm^{-1}$、$44.6cm^{-1}$，I_G/I_{2D} 的比值分别是 1.5、1.4、1.5、1.9，这些数据说明生长在 300nm 厚 Mo 膜上的石墨烯是多层石墨烯。图 5-6c 是生长在 300nm 厚 Mo 膜上的石墨烯转移到石英玻璃后测试得到的透射光谱，在可见光区域透射率为 84.09%，同样证明了生长在 300nm 厚 Mo 膜上的石墨烯为多层石墨烯。

5.3.3　降温速率对石墨烯薄膜性质的影响

图 5-7 是在 300nm 厚 Mo 膜上，生长时间为 15min，不同降温速率（1℃/s，3℃/s 和 10℃/s）下生长的石墨烯的拉曼光谱。

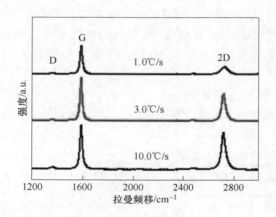

图 5-7　不同降温速率下生长的石墨烯的拉曼光谱

从图 5-7 中可以看出，当降温速率从 1.0℃/s 增大到 10℃/s 时，I_G/I_{2D} 减小，说明生长出的石墨烯变薄，这个结果说明，降温速率与生长出的石墨烯的厚度有着直接的关系。这是因为，较高的降温速率 10℃/s 导致了有限的 C 原子从金属内部析出，最终形成的石墨烯薄膜较薄。作为对比，在较低的降温速率 1℃/s 或者 3℃/s 下，大量的 C 原子从金属内部析出，形成较厚的石墨烯。降温速率对生长出的石墨烯厚度的影响，说明了在 Mo 膜上生长石墨烯是析出机制。

5.3.4　Mo 膜厚度对石墨烯薄膜性质的影响

为了揭示 Mo 膜的厚度对制备石墨烯的影响，利用 200nm 厚的 Mo 膜作为衬底生长石墨烯。生长时间为 15min，降温速率为 10℃/s。图 5-8 是生长在 200nm 厚 Mo 膜上的石墨烯的拉曼光谱，光谱中 $I_G/I_{2D} \approx 0.26$，2D 峰的半高宽约为 $30.4cm^{-1}$，显示了典型的单层石墨烯的特点。这个结果与生长在 300nm 厚的 Mo 膜上的多层石墨烯形成鲜明的对比。这主要是由于在 Mo 膜上生长石墨烯为析出机制的原因,与 300nm 厚的 Mo 膜相比,在退火过程中,少量的 C 原子溶解到 200nm 厚的 Mo 膜内部;同样在降温过程中,少量的 C 原子从 Mo 膜表面析出作为生长石墨烯的 C 源,形成了较薄的石墨烯薄膜。这个结果与 Robertson 等人的结果是一致的,他们发现薄的 Ni 膜有利于形成薄的石墨烯。

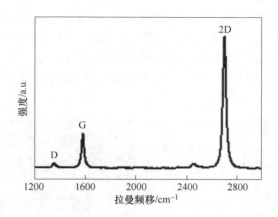

图 5-8 生长在 200nm 厚 Mo 膜上的石墨烯的拉曼光谱

5.4 单晶 Mo 膜上生长石墨烯与 Mo 片上生长石墨烯比较

利用 CVD 方法在多晶 Mo 片(纯度为 99.99%,厚度为 100μm)上生长石墨烯。图 5-9 为 Mo 片上生长的石墨烯的拉曼光谱,从光谱中能够明显地看出 D 峰

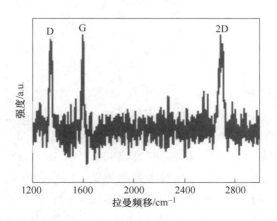

图 5-9 Mo 片上生长的石墨烯的拉曼光谱

与 G 峰的强度相当,说明生长出的石墨烯缺陷较多。与多晶 Mo 片相比,在单晶 Mo 膜生长石墨烯能够减少石墨烯晶体中的缺陷,形成质量较好的石墨烯薄膜。

5.5 Mo 膜衬底的团聚现象

当利用 100nm 厚的 Mo 膜作为衬底生长石墨烯时,发现生长时间为 5min 时,Mo 膜表面出现不规则的团聚现象。图 5-10a 和 b 分别为团聚后 Mo 膜的光学显微镜图片和 SEM 图片,从图中能够清晰地看出团聚部分的形貌。显而易见,太薄的 Mo 膜在高温下容易团聚,所以不适合生长连续的高质量的石墨烯薄膜。

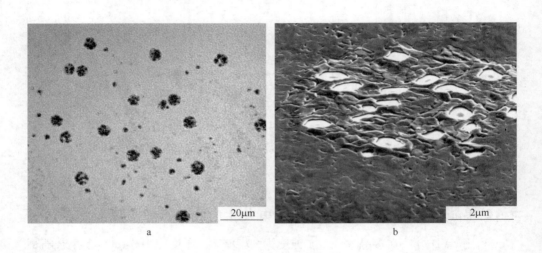

图 5-10 团聚后 Mo 膜的光学显微镜图片(a)和 SEM 图像(b)

5.6 本章小结

本章主要介绍了利用 CVD 方法在单晶 Mo 膜上制备高质量石墨烯薄膜,并利用拉曼光谱仪、光学显微镜、SEM 对石墨烯进行了表征。主要结果如下:

(1)利用 CVD 法在 Mo 薄膜衬底上成功地制备出高质量石墨烯薄膜。

(2)研究了气体流量、生长时间、降温速度和 Mo 厚度对石墨烯质量的影响。发现适当的生长时间可以提高石墨烯的质量,而生长时间过长会引起石墨烯缺陷增加;不同的降温速率下生长的石墨烯厚度不同;气体流量对 Mo 膜上生长的石墨烯的质量影响较小。最终在 H_2 与 CH_4 流量比为 20sccm:10sccm,生长温度 1000℃,生长 15min,降温速率为 10℃/s 的条件下,在 200nm 厚的 Mo 膜衬底上获得了质量较高的石墨烯薄膜。

（3）通过实验证明了在 Mo 膜上生长石墨烯为溶解析出机制。

（4）比较了在多晶 Mo 片和单晶 Mo 膜上生长的石墨烯的质量，发现在多晶 Mo 片上生长的石墨烯缺陷较多，质量比在 Mo 膜上生长的石墨烯差。

参 考 文 献

[1] Lizzit S, Larciprete R, Lacovig P, et al. Transfer-free electrical insulation of epitaxial graphene from its metal substrate [J]. Nano Lett., 2012, 12: 4503～4507.

[2] Lee C, Wei X, Kysar J W, et al. Measurement of the elastic properties and intrinsic strength of monolayer graphene [J]. Science, 2008, 321: 385～388.

[3] Novoselov K S, Geim A K, Morozov S V, et al. Two-dimensional gas of massless dirac fermions in graphene [J]. Nature, 2005, 438: 197～200.

[4] Li X, Zhang G Y, Bai X D, et al. Highly conducting graphene sheets and langmuir blodgett films [J]. Nat. Nanotechnol., 2008, 3: 538～542.

[5] Balandin A A, Ghosh S, Bao W, et al. Superior thermal conductivity of single-layer graphene [J]. Nano Lett., 2008, 8: 902～907.

[6] Zhang Y B, Tan Y W, Stormer H L, et al. Experimental observation of the quantum hall effect and berry's phase in graphene [J]. Nature, 2005, 438: 201～204.

[7] Wu J, Agrawal M, Becerril H A, et al. Organic light-emitting diodes on solution processed graphene transparent electrodes [J]. ACS Nano, 2010, 4: 43～48.

[8] Stoller M D, Park S, Zhu Y, et al. Graphene-based ultracapacitors [J]. Nano Lett., 2008, 8: 3498～3502.

[9] Wu W, Liu Z H, Jauregui L A, et al. Wafer-scale synthesis of graphene by chemical vapor deposition and its application in hydrogen sensing [J]. Sens. Actuators B, 2010, 150: 296.

[10] Ohno Y, Maehashi K, Yamashiro Y, et al. Electrolyte-gated graphene field-effect transistors for detecting pH and protein adsorption [J]. Nano Lett., 2009, 9: 3318～3322.

[11] Wu Y W, Yu G H, Wang H M, et al. Synthesis of large-area graphene on molybdenum foils by chemical vapor deposition [J]. Carbon, 2012, 50: 5226～5231.

6 CVD 法在抛光 Cu 衬底上制备高质量石墨烯薄膜

6.1 Cu 衬底上制备石墨烯薄膜的研究背景

由于石墨烯具有非常高的透光率和电子迁移率[1~3]，使它在纳米电子器件中有着非常大的应用潜力[4,5]，自被发现以来，受到了研究人员的广泛关注。目前，利用化学气相沉积法，已经在 Cu[6]、Ni[7] 和 Mo[8,9] 等过渡金属，甚至贵金属如 Au[10]、Pt[11] 上合成了石墨烯薄膜，在这些金属衬底中，多晶 Cu 衬底上生长出的石墨烯薄膜显示出了它的优越性，如生长出的石墨烯晶畴尺寸比较大，石墨烯薄膜厚度均匀，导电性比其他金属上生长的石墨烯好，并且 Cu 上生长的石墨烯容易被转移到绝缘衬底上[12~14]。而且 Cu 衬底价格低廉，所以 Cu 衬底的应用最为广泛。尽管如此，在 Cu 衬底上生长的石墨烯薄膜经过电学性质测试，其迁移率还是比理论计算的要低，甚至低于手撕的石墨烯。一些研究[15~17]报道了 Cu 的晶界对生长的石墨烯薄膜电学性质的影响，通过优化生长参数提高了 Cu 衬底上生长石墨烯的质量。

本章针对这一现象，研究了 Cu 的晶界以及表面形貌对生长石墨烯的影响。通过对 Cu 衬底进行机械化学抛光，降低了其表面的粗糙度。在抛光后的 Cu 衬底上生长石墨烯，降低了成核密度，增大了生长石墨烯晶畴的尺寸。并且通过两步合成法提高了石墨烯薄膜的电子迁移率。

6.2 Cu 衬底的电化学机械抛光

6.2.1 Cu 衬底的机械抛光

图 6-1 是没有抛光的 Cu 衬底的光学显微镜图片，从图中能够清晰地看见 Cu 片粗糙的表面上布满了明显的划痕。在这种粗糙的表面中存在大量的缺陷，这些缺陷在生长石墨烯的过程中会成为成核点。

利用 Al_2O_3 抛光液对 Cu 衬底进行机械抛光。粒径为 500nm 的 Al_2O_3 抛光液用作前期的粗抛，粗抛过程中，抛光机的转速为 100r/min。在抛光过程中，适当

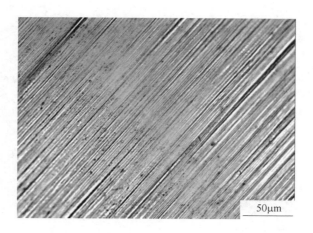

图 6-1 未抛光的 Cu 片的光学显微镜图像

滴入少量稀氨水，加快抛光速率。图 6-2 为粗抛 60min 后的 Cu 片的光学显微镜图像。

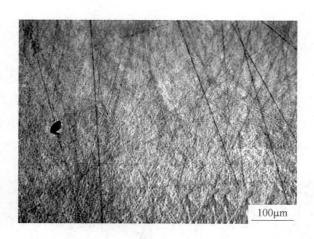

图 6-2 粗抛后的 Cu 片的光学显微镜图像

对比图 6-1，原来 Cu 片表面明显的划痕不见了，Cu 片表面的粗糙程度得到了明显的改善。粗抛之后，利用粒径为 50nm 的 Al_2O_3 抛光液对 Cu 片进行细抛，细抛过程中抛光机的转速为 60r/min。图 6-3 为 Cu 片细抛 60min 后的光学显微镜图片，从图中能够看出此时 Cu 片表面的划痕密度与深度都大大减小了。

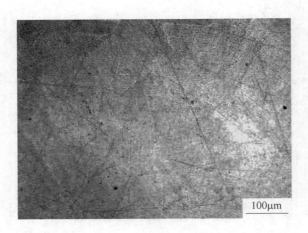

图 6-3　细抛后的 Cu 片的光学显微镜图像

机械抛光后，将 Cu 片进行标准超声清洗：依次将其浸入分析纯的四氯化碳、丙酮和乙醇中超声清洗两次，每次超声约 5min；最后用去离子水反复冲洗干净并用 Ar 气将其吹干。

6.2.2　Cu 衬底的电化学抛光

将清洗后的 Cu 衬底放入浓 H_3PO_4 酸中，连接电流源，待抛 Cu 片连接电流源阳极，经过几组电压调试实验，确定当电压为 1.77V 时抛光效果最好。图 6-4 为不同时间（15min、30min、45min、60min、75min、90min）电化学抛光后 Cu 片表面形貌的光学显微镜图像。

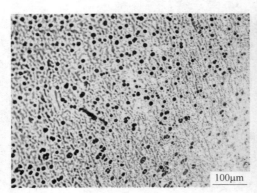

a

b

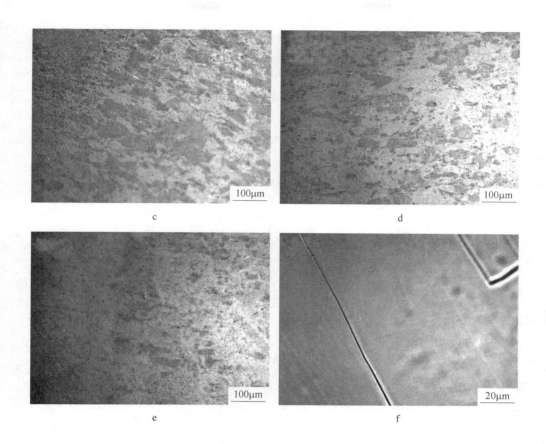

图6-4 不同时间电化学抛光后 Cu 片的光学显微镜图像
a—15min；b—30min；c—45min；d—60min；e—75min；f—90min

从图 6-4 中能够明显地看出来，随着电化学抛光时间的增加，Cu 片表面越来越平整，经过 90min 的电化学抛光，在高倍光学显微镜下观察，Cu 表面变得平整光滑，划痕消失。

6.3 抛光与未抛光 Cu 衬底上生长的石墨烯比较

常压下，分别以未抛光和抛光 Cu 片为衬底在相同生长条件下制备石墨烯。将两种 Cu 衬底一起放入生长腔内，在 1000sccm Ar 气氛下加热到 1050℃，然后通入 200sccm 的 H_2，在 Ar/H_2 混合气氛下退火 60min。退火后，开始生长石墨烯。生长气氛为 500sccm Ar、20sccm H_2 和 1sccm CH_4/Ar 混合气体（CH_4 含量为 0.5%），生长温度为 1050℃，生长时间为 60min。生长完成后，生长室在 Ar 气氛下自然冷却至室温。

　　将生长在两种 Cu 衬底上的石墨烯转移到 SiO$_2$ 衬底上。图 6-5 是转移到 SiO$_2$ 衬底上的石墨烯的光学显微镜图片。从图中可以看出，在未抛光 Cu 衬底上生长的石墨烯成核密度大，石墨烯晶畴大小在 5μm 左右。相比之下，在抛光后的 Cu 衬底上生长的石墨烯成核密度小，石墨烯晶畴大小在 50μm 左右，并且在未抛光 Cu 衬底上生长的石墨烯转移后有不同程度的破碎，晶畴不完整，而在抛光 Cu 衬底上生长的石墨烯晶畴没有出现破碎，转移后仍然完整。另外，未抛光 Cu 衬底上生长的石墨烯在转移后会在 SiO$_2$ 衬底上残留大量的 PMMA，作者认为这是未抛光的 Cu 衬底表面粗糙，使转移时附着在 SiO$_2$ 衬底上的 PMMA 难以去除干净的缘故。相比之下，转移抛光 Cu 衬底上生长的石墨烯的 SiO$_2$ 衬底比较干净，几乎没有 PMMA 残留。

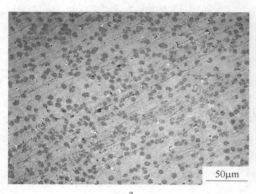 

图 6-5　未抛光（a）和抛光（b）Cu 衬底上生长的石墨烯转移到 SiO$_2$
衬底后的光学显微镜图像

6.4　Cu 衬底晶界及表面划痕对生长石墨烯的影响

　　通过对比实验确认 Cu 衬底的表面划痕和晶界对成核密度的影响，具体做法是，选用同种 Cu 片在经过机械化学抛光后的 Cu 片表面上进行刻划（选择同种 Cu 片是为了在实验中避免其他因素的影响），然后，在这种具有人为划痕的 Cu 片上按照与前叙相同的条件进行石墨烯生长。

　　图 6-6a 给出了石墨烯晶畴沿着 Cu 晶界生长的 SEM 图像，从图像中可以清楚地看见，沿着晶界，石墨烯的成核密度非常大，邻近的石墨烯晶畴几乎连在一起，而远离晶界的表面上，只有很少的石墨烯晶畴，与晶界处形成了鲜明的对

比。同样的现象也发生在 Cu 片表面的划痕区域，图 6-6b 和 c 分别是 Cu 表面划痕处生长的石墨烯的光学显微镜图片和 SEM 图像。从这两幅图中，可以清楚地观察到在划痕处的石墨烯的成核密度远远大于远离划痕处的 Cu 表面的成核密度。图 6-6b 中的插图是有划痕的 Cu 片的照片。一般来说，在 Cu 的晶界处存在大量的缺陷，由于这些缺陷具有较低的成核势垒，因此在生长过程中容易成为石墨烯的成核点，增大石墨烯的成核密度[18]。

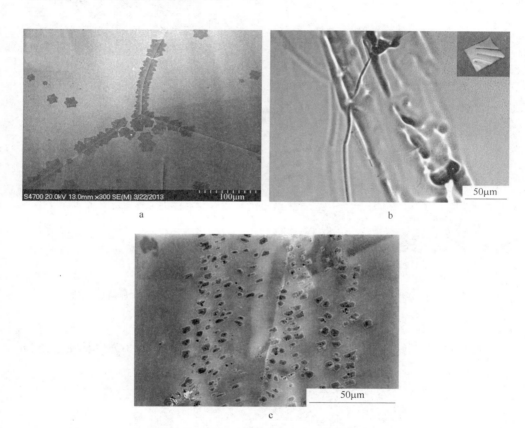

图 6-6　生长在 Cu 晶界处的石墨烯的 SEM 图像（a）、划痕区域生长的石墨烯的光学显微镜图像（b）和划痕区域生长的石墨烯的 SEM 图像（c）

6.5　在抛光 Cu 衬底上生长大尺寸石墨烯晶畴

如图 6-7a ~ c 所示，通过优化参数，在抛光 Cu 衬底上生长出长方形、星形以及六角形石墨烯晶畴，晶畴大小在 50μm 左右。图 6-7d 是石墨烯晶畴的拉曼光谱，I_G/I_{2D} 比约为 0.59，2D 峰的半高宽约为 36.1cm^{-1}，说明石墨烯晶畴的单层性质。

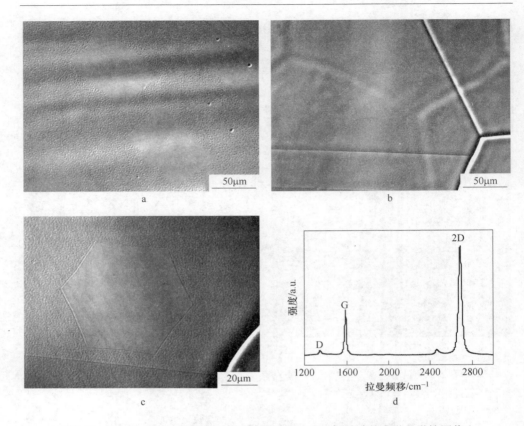

图 6-7 长方形（a）、星形（b）、六角形（c）石墨烯晶畴的光学显微镜图像和
六角形石墨烯晶畴的拉曼光谱（d）

通过优化生长参数，制备出尺寸较大的石墨烯晶畴。图 6-8 为生长在抛光 Cu

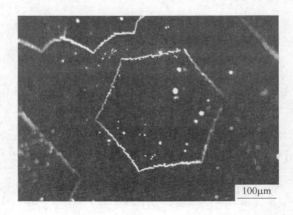

图 6-8 生长在抛光 Cu 衬底上尺寸约为 300μm 的石墨烯晶畴的光学显微镜暗场图像

衬底上的大小在 $300\mu m$ 左右的石墨烯晶畴的光学显微镜暗场图片。

进一步优化生长参数，在抛光 Cu 衬底上制备出毫米量级的石墨烯晶畴[19]，如图 6-9 所示。

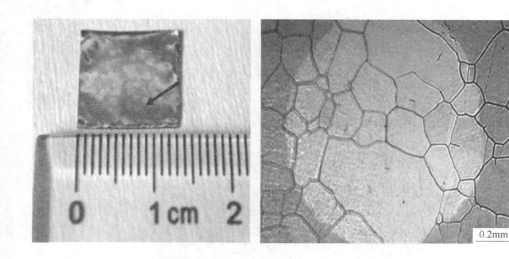

图 6-9 毫米量级石墨烯晶畴的光学显微镜图像

6.6 两步合成法生长高质量石墨烯薄膜

如图 6-10a 所示，首先通过适当的 CH_4 和 H_2 混合比例，在抛光 Cu 衬底上生长许多独立的石墨烯小晶畴。随着生长时间增加，这些石墨烯小晶畴慢慢长大，其中一些已连接在一起，如图 6-10b 所示。然后加大混合气氛中 CH_4 流量，使石墨烯晶畴之间没有连接的空隙"填满"石墨烯，制备出连续的石墨烯薄膜，如图 6-10c 所示。

通过两步合成法在机械化学抛光后的 Cu 衬底上生长出连续的高质量石墨烯薄膜，其电学性质比在没有抛光的 Cu 衬底上生长的石墨烯薄膜要好。霍尔测试结果显示，在抛光后的 Cu 衬底上生长的石墨烯连续薄膜的迁移率约为 $971 cm^2/(V \cdot s)$，方块电阻约为 $603.2\Omega/sq$，在未抛光的 Cu 衬底上生长的石墨烯薄膜的电子迁移率约为 $413 cm^2/(V \cdot s)$，方块电阻约为 $1732\Omega/sq$，前者的迁移率是后者的两倍多，方块电阻降低到后者的1/3 左右。

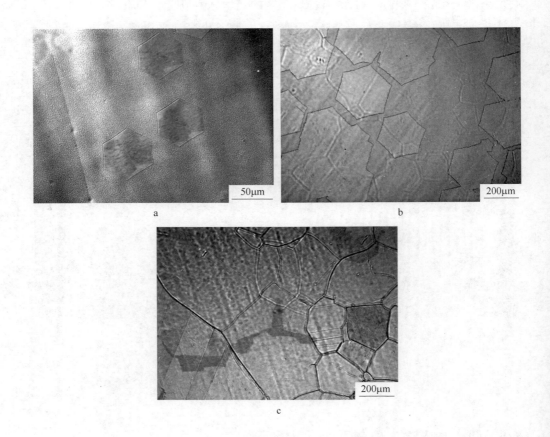

图 6-10   独立的六角形石墨烯晶畴的光学显微镜图像（a）、
随着生长时间增加石墨烯晶畴变大（b）和连在一起的
六角形石墨烯晶畴的光学显微镜图像（c）

6.7   本章小结

　　本章主要研究了 Cu 衬底表面的划痕及粗糙度对石墨烯成核密度的影响。通过对 Cu 衬底表面进行机械化学抛光来减少划痕和降低表面的粗糙度。实验结果表明，这种方法可以有效降低石墨烯的成核密度，大幅度增加石墨烯晶畴的尺寸。此外，通过两步合成法在抛光 Cu 衬底上生长的石墨烯薄膜的电学特性远优于在未抛光 Cu 衬底上生长的石墨烯薄膜。

参 考 文 献

[1] Geim A K, Novoselov K S. The rise of graphene [J]. Nat. Mater. , 2007, 6 (3): 183 ~ 191.

[2] Novoselov K S, Geim A K, Morozov S V, et al. Electric field effect in atomically thin carbon films [J]. Science, 2004, 306 (5696): 666 ~ 669.

[3] Bolotin K I, Ghahari F, Shulman M D, et al. Observation of the fractional quantum Hall effect in graphene [J]. Nature, 2009, 462 (7270): 196 ~ 199.

[4] Schwierz F, Graphene transistors: status, prospects, and problems [J]. P. Ieee, 2013, 101 (7): 1567 ~ 1584.

[5] Zhu Y W, Murali S, Cai W W, et al. Graphene and graphene oxide: synthesis, properties, and applications [J]. Adv. Mater. , 2010, 22 (35): 3906 ~ 3924.

[6] Li X S, Magnuson C W, Venugopal A, et al. Graphene films with large domain size by a two-step chemical vapor deposition process [J]. Nano Lett. , 2010, 10: 4328 ~ 4334.

[7] Usachov D, Dobrotvorskii A, Varykhalov A, et al. Experimental and theoretical study of the morphology of commensurate and incommensurate graphene layers on Ni single-crystal surfaces [J]. Phys. Rev. B. , 2008, 78: 085403.

[8] Wu Y W, Yu G H, Wang H M, et al. Synthesis of large-area graphene on molybdenum foils by chemical vapor deposition [J]. Carbon, 2012, 50: 5226.

[9] Wang B, Zhang Y H, Chen Z Y, et al. High quality graphene grown on single-crystal Mo (110) thin films [J]. Mate. Lett. , 2013, 93: 165 ~ 168.

[10] Oznuluer T, Pince E, Polat E O, et al. Synthesis of graphene on gold [J]. Appl. Phys. Lett. , 2011, 98: 183101.

[11] Gao L B, Ren W C, Xu H L, et al. Repeated growth and bubbling transfer of graphene with millimetre-size single-crystal grains using platinum [J]. Nat. Comm. , 2012, 3: 699.

[12] Kim K S, Zhao Y, Jang H, et al. Large-scale pattern growth of graphene films for stretchable transparent electrodes [J]. Nature, 2009, 457: 706 ~ 710.

[13] Li X S, Cai W W, An J, et al. Large-area synthesis of high-quality and uniform graphene films on copper foils [J]. Science, 2009, 324: 1312 ~ 1314.

[14] Vlassiouk I, Fulvio P, Meyer H, et al. Large scale atmospheric pressure chemical vapor deposition of graphene [J]. Carbon, 2013, 54: 58 ~ 67.

[15] Yu Q K, Jauregui L A, Wu W, et al. Control and characterization of individual grains and grain boundaries in graphene grown by chemical vapour deposition [J]. Nat. mater. , 2011, 10: 443 ~ 449.

[16] Huang P Y, Ruiz-Vargas C S, Van der Zande A M, et al. Grains and grain boundaries in single-layer graphene atomic patchwork quilts [J]. Nature, 2011, 469: 389 ~ 392.

[17] Song H S, Li S L, Miyazaki H, et al. Origin of the relatively low transport mobility of graphene grown through chemical vapor deposition [J]. Sci. Rep. , 2012, 2: 337.

[18] Wang B, Zhang H R, Zhang Y H, et al. Effect of Cu substrate roughness on growth of graphene domain at atmospheric pressure [J]. Mater. Lett. , 2014, 131: 138~140.

[19] Zhang Y H, Yu G H, Wang B, et al, Controllable growth of millimeter-size graphene domains on Cu foil [J]. Mater. Lett. , 2013, 96: 145~151.

7　CVD 法制备的石墨烯晶畴的 H₂ 刻蚀现象研究

7.1　H₂ 刻蚀石墨烯薄膜的研究背景

　　石墨烯以它优越的物理性质，尤其是高的载流子迁移率，受到了广泛的关注。与其他制备石墨烯的方法相比，在 Cu 衬底上利用 CVD 方法制备石墨烯具有明显的优势：在 Cu 衬底上可以制备大面积的石墨烯薄膜，并且方便转移到其他衬底进行电子器件的制备。

　　尽管如此，利用 CVD 方法制备的石墨烯薄膜的载流子迁移率比手撕法制备的石墨烯薄膜的要低[1,2]。研究表明，石墨烯薄膜的晶界对石墨烯的电学性质有较大影响[3~6]。第 6 章介绍了通过优化石墨烯薄膜的生长参数，利用两步法制备连续的石墨烯薄膜。这种方法降低了石墨烯薄膜的晶界密度，改善了石墨烯薄膜的电学特性。

　　目前，毫米级尺寸的石墨烯晶畴已经制备出来[7]，并且符合典型的微米级石墨烯器件的尺寸要求。通过两步合成法制备的连续石墨烯薄膜的晶界已大幅度减少，对电学性质的影响已经减弱。X. S. Li 等[8]利用这种方法生长的石墨烯薄膜制成的场效应晶体管的电子迁移率达到了 $16000 \text{cm}^2/(\text{V} \cdot \text{s})$。尽管这样，电子迁移率还是比手撕法制备的石墨烯薄膜的电子迁移率低。这是由于在石墨烯晶畴表面依然存在大量的缺陷和褶皱，这些缺陷和褶皱对石墨烯的电学性质会有较大的影响。因此，从实验上研究这些与石墨烯薄膜的电学性质密切相关的缺陷和褶皱的形态与分布是很有意义的。

7.2　六角石墨烯晶畴的制备

　　生长所用的 Cu 衬底为经过机械化学抛光后，又进行了标准超声清洗的 Cu 片。将 Cu 衬底剪裁成 $2\text{cm} \times 2\text{cm}$ 大小，放入 2in 的石英管内准备制备石墨烯晶畴。

　　石墨烯晶畴制备步骤如下：

　　（1）机械泵对石英管抽真空。当真空度低于 1Pa 时，关闭机械泵，向石英管内通入 Ar 气，待石英管内气压为大气压时，开启尾气阀。

（2）打开电源，对石英管加热，此时 Ar 流量为 1000sccm。当石英管温度为 1050℃时，通入 200sccm H_2 对 Cu 衬底进行退火，退火时间为 60min。

（3）退火完成后，进行石墨烯晶畴生长。生长条件为 500sccm Ar、200sccm H_2、1sccm CH_4/Ar 混合气体（CH_4 含量为 0.5%），生长时间为 60min。

（4）生长完成后，关闭 H_2 与 CH_4/Ar 混合气体，在 Ar 气气氛下自然降温至室温。

7.3　刻蚀时间对石墨烯晶畴的影响

将生长了石墨烯的 Cu 片从石英管中取出，利用光学显微镜观察样品的表面形貌，图 7-1a 为样品的光学显微镜图片，可以看到清晰的六角形石墨烯晶畴。

将观察完表面形貌的样品再次放入石英管，开启机械泵抽真空，在管内真空度低于 1Pa 时，关闭机械泵，通入 Ar 至 1 个 atm，开启尾气阀，然后在流量为

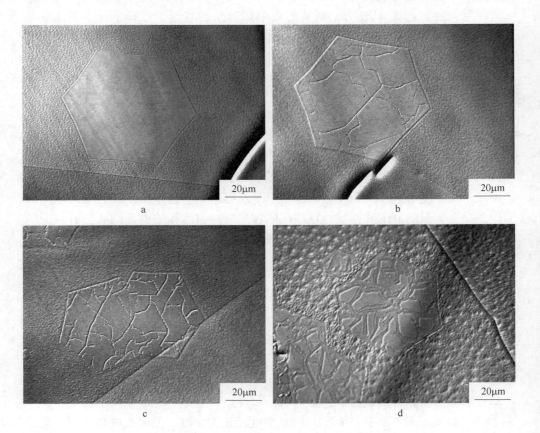

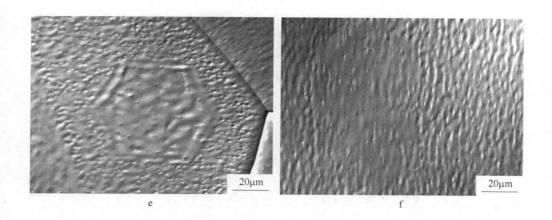

图 7-1　石墨烯晶畴的光学显微镜图像

500sccm Ar 气氛下加热至 950℃后，再通入流量为 200sccm H₂ 对样品进行刻蚀。

在刻蚀过程中，刻蚀时间是一个非常重要的参数。为了更好地观察刻蚀过程，研究了不同刻蚀时间对石墨烯的影响，刻蚀时间分别设为 7min、20min、60min、240min 和 360min。图 7-1b 是样品在 H₂ 气氛下刻蚀 7min 后的光学显微镜图片，从图中可以看出，在六角石墨烯晶畴表面，只出现了少量的刻蚀条纹，并且条纹很细。图 7-1c 和 d 分别是样品在 H₂ 气氛下刻蚀 20min 和 60min 后的光学显微镜图片，可以清楚地看到，随着刻蚀时间的增加，刻蚀条纹的密度增加，并且条纹的宽度也增加，原来的石墨烯晶畴被刻蚀条纹分成了一个个岛状结构，但是整体的六角形形状没有变化，边缘也没有被刻蚀，石墨烯晶畴的大小没有发生变化。当刻蚀时间增加到 240min 时，从图 7-1e 中可以看出石墨烯晶畴已基本上被刻蚀掉了，只留下了一个六角形的轮廓。通过对六角形轮廓进行拉曼测试，没有发现拉曼光谱中的 G 峰和 2D 峰信号，这进一步证明了整个石墨烯晶畴已基本上被 H₂ 刻蚀掉了。当刻蚀时间进一步增加到 360min 时，六角形轮廓也完全消失，只剩下 Cu 衬底表面了，如图 7-1f 所示。

7.4　Cu 面晶向对石墨烯表面刻蚀条纹的影响

通过对生长在抛光 Cu 衬底上的石墨烯晶畴进行 SEM 测试，观察到石墨烯晶畴具有不同形状（六角形、星形、长方形等）。将观察完表面形貌的样品再次放入石英管，开启机械泵抽真空，在管内真空度低于 1Pa 时，关闭机械泵，通入 Ar 至 1atm，开启尾气阀，然后在流量为 500sccm Ar 气氛下加热至 950℃后，再通入流量为 200sccm H₂ 对样品进行刻蚀，刻蚀时间为 20min，刻蚀完成后，石英管自然冷却至室温，取出样品，再次进行 SEM 测试。如图 7-2 所示，通过观察各种形状的石墨烯晶畴上的刻蚀条纹，发现不同形状的石墨烯晶畴上的刻蚀条纹可以相同，可以都是网状结构，也可以都是线状结构，并且相同刻蚀条件下，刻蚀条纹的密度和宽度都在一个量级上，这说明刻蚀模式与石墨烯晶畴的形状无关。

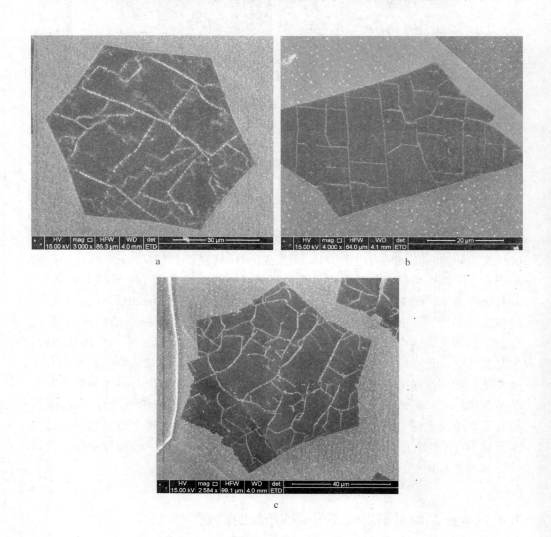

图 7-2　六角形（a）、方形（b）和星形（c）石墨烯晶畴刻蚀后的 SEM 图像

图 7-3a 是 Cu 衬底上生长的六角石墨烯晶畴在 950℃ 时被 H₂ 刻蚀后的 SEM 图片。通过观察，发现在这些六角石墨烯晶畴的表面上，刻蚀条纹有着不同的形

态。图7-3a中白色方框内Cu晶界的上半部分晶面上生长的石墨烯晶畴的刻蚀条纹主要为线状形貌，而下半部分的刻蚀条纹则为网络状形貌。

图7-3b展示了一个跨过Cu晶界生长的单独的六角石墨烯晶畴刻蚀后的SEM图像。在这个石墨烯晶畴中，属于不同Cu晶面部分的刻蚀条纹是有较大区别的。下半部分的石墨烯晶畴上的刻蚀条纹密度大，条纹较宽，并且分布不规则。而上半部分的石墨烯晶畴上的刻蚀条纹较为稀疏，并且呈网络状结构。

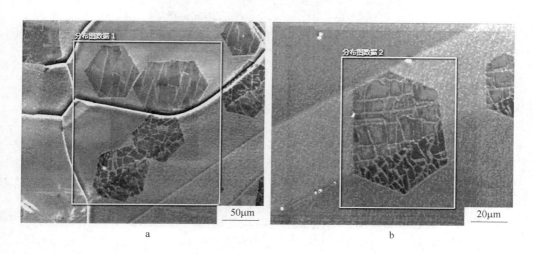

图7-3　不同Cu晶面上不同石墨烯晶畴刻蚀条纹的SEM图像（a）和不同Cu晶面上
同一个石墨烯晶畴刻蚀条纹的SEM图像（b）

图7-4a展示了一个跨过Cu晶界生长的单独的六角石墨烯晶畴刻蚀后的光学显微镜图片，从图中可以清晰地看到，不同晶向的Cu晶面上，石墨烯表面的刻蚀条纹的密度差别很大。

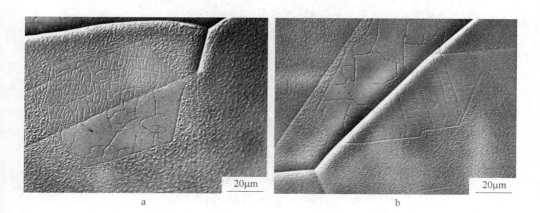

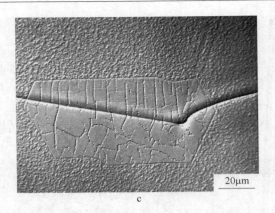

图 7-4　跨过 Cu 晶界生长的六角形（a）和非六角形（b、c）石墨烯
晶畴刻蚀后的光学显微镜图像

如图 7-4b 和 c 所示，在跨过 Cu 晶界生长的非六角形石墨烯晶畴表面，通过光学显微镜也观察到不同晶向的 Cu 晶面上石墨烯的刻蚀条纹密度和形貌的不同。

利用电子背散射衍射（EBSD）测量不同条纹区域中 Cu 面的晶向以确定石墨烯晶畴表面刻蚀条纹形貌不同的原因。图 7-5a 是与图 7-3a 对应的 EBSD 图片。在图 7-5a 中，石墨烯晶畴的刻蚀条纹为线状结构所对应的晶面为接近 Cu(001)的晶面；刻蚀条纹有着网络状结构的晶面为接近 Cu(101)的晶面和介于 Cu(001)和(111)之间的晶面。

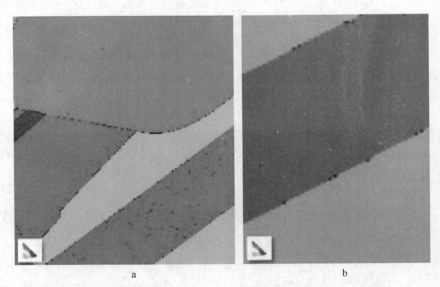

图 7-5　对应图 7-3a 中白色方框内 Cu 表面的 EBSD 图像（a）和对应图 7-3b 中
白色方框内的 Cu 表面的 EBSD 图像（b）

同样利用 EBSD 对图 7-3b 中 Cu 的晶界进行了分析。如图 7-5b 所示，石墨烯晶畴表面不同形态密度的刻蚀条纹对应着不同晶向的 Cu 晶面。

通过 EBSD 对 Cu 晶向的分析，推断 Cu 晶向对刻蚀条纹的形态有着重要的影响，不同晶向的 Cu 表面上生长的石墨烯晶畴在刻蚀后产生的刻蚀条纹的形状和密度会有较大区别。

7.5 石墨烯表面褶皱与刻蚀条纹的关系

通过实验排除石墨烯晶畴上的刻蚀条纹是由石墨烯在空气中的暴露引起的。具体做法是：生长在抛光 Cu 衬底上的石墨烯样品在降温后没有被取出腔体，而是在 Ar 气氛下再次升温到 950℃，接着在 500sccm Ar 和 5sccm H_2 的混合气氛下进行刻蚀，刻蚀时间为 5min。刻蚀完成后，石英管自然降温至室温，取出样品。图 7-6 是刻蚀后的石墨烯晶畴的光学显微镜图片，从图中可以看出，石墨烯晶畴在刻蚀气氛下发生了刻蚀现象。刻蚀条纹的长度约为几十微米，宽度在 1μm 左右，与刻蚀气氛为 500sccm Ar 和 200sccm H_2 的混合气体、刻蚀时间为 60min 条件下在暴露过空气的石墨烯表面上形成的刻蚀条纹相近，如图 7-1d 所示。因此可以得出结论，刻蚀条纹的形成与是否将石墨烯晶畴在空气中暴露关系不大。但是，石墨烯样品的低 H_2 流量原位刻蚀效果与暴露过空气的石墨烯样品的高 H_2 流量刻蚀效果接近的事实，说明刻蚀变得容易了，这意味着石墨烯样品在空气中暴露后，表面会发生钝化。

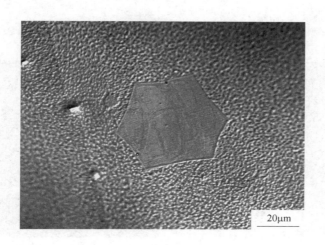

20μm

图 7-6 生长后没有被拿出腔体的石墨烯刻蚀后的光学显微镜图像

Y. Zhang 等[9]报道，对生长后直接刻蚀的石墨烯（没经过降温过程），在石墨烯表面只观察到刻蚀出的六角形状，没有刻蚀条纹。而在本章的刻蚀实验中（样品经过降温过程），观察到了石墨烯晶畴上的刻蚀条纹。由于本章所进行的实验是在石墨烯生长完成后，先原位降到室温再升至刻蚀温度后进行的，这样，可以判断刻蚀条纹的产生与石墨烯在降温过程中产生的褶皱有关。

　　产生刻蚀条纹的原因可以通过下面一组实验来验证。如图 7-1a 所示的生长在抛光 Cu 衬底上的六角形石墨烯晶畴，在生长结束后，没有经过降温过程，直接在 1050℃的 Ar/H₂（500sccm/200sccm）混合气氛中刻蚀 30min。图 7-7a 和 b 是这种方法刻蚀的石墨烯晶畴的光学显微镜图片。从图中可以看出，原来规则的六角形石墨烯晶畴的表面，刻蚀后成为不规则的形状，并且没有刻蚀条纹出现。将这些经过光学显微镜测试后的样品重新放入生长腔内，并且在 Ar 气氛下升温到 1050℃，然后用同样的刻蚀气氛对样品刻蚀 15min。图 7-7c 和 d 是二次刻蚀的石墨烯晶畴的光学显微镜图片。从图中可以清晰地看见几十微米长的刻蚀条纹出

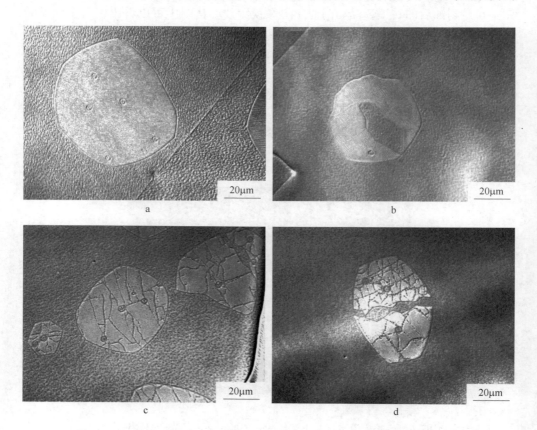

图 7-7　没有经过降温的石墨烯晶畴原位刻蚀 30min 后的光学显微镜图像（a、b）和
二次刻蚀后石墨烯晶畴的光学显微镜图像（c、d）

现在这些石墨烯晶畴的表面上，并且第一次刻蚀中形成的不规则形状没有发生明显的变化。据此，可以推断石墨烯晶畴在刻蚀后，其表面出现的刻蚀条纹与石墨烯生长之后的降温过程有关，并且在降温过程当中，由于石墨烯和 Cu 的体膨胀系数不同，于是在石墨烯表面形成了褶皱结构，这种褶皱结构在 H_2 刻蚀过程中导致了刻蚀条纹的形成。

通过原位刻蚀实验，证明了刻蚀条纹和褶皱的对应关系。在抛光 Cu 衬底上生长石墨烯晶畴后，利用 AFM 在石墨烯表面观察到一个较大的褶皱，如图 7-8a 所示。然后将样品放入腔体内进行刻蚀，刻蚀气氛为 500sccm Ar 和 200sccm H_2 的混合气体，刻蚀温度为 950℃，刻蚀时间为 5min。刻蚀后将样品再次拿到光学显微镜下观察褶皱位置，发现原来褶皱的地方出现了明显的刻蚀条纹，如图 7-8b 所示，这证明了刻蚀条纹确实是在褶皱处产生的。

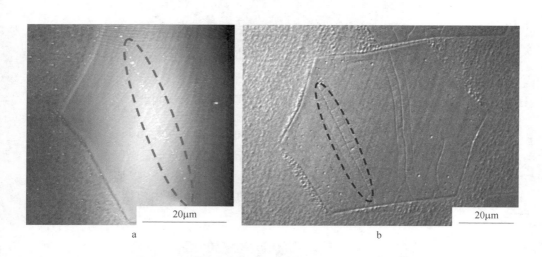

a   b

图 7-8　石墨烯晶畴上褶皱的 AFM 图像（a）和相同的
石墨烯晶畴刻蚀 5min 后的光学显微镜图像（b）

将生长后的石墨烯转移到 SiO_2 衬底上，利用 AFM 对转移后的石墨烯样品进行表面形貌测试，如图 7-9 所示，从图中可以清晰地看见石墨烯表面的褶皱分布，这些褶皱的形态和密度与石墨烯经过刻蚀后表面的刻蚀条纹的形态密度十分接近，进一步证明了石墨烯表面的刻蚀条纹是由褶皱处发生氢化反应引起的。

石墨烯发生 H_2 刻蚀的另一个可能的原因是在褶皱区域，石墨烯与 Cu 衬底之间存在一定间隙，当石墨烯在 H_2 气氛下进行刻蚀时，H_2 进入间隙，在 Cu 的催化作用下对石墨烯产生了刻蚀。为了进一步确定刻蚀条纹是由于褶皱处发生氢化作用而产生的，而非石墨烯与 Cu 表面间隙引起的，将生长后没有降温的石墨烯

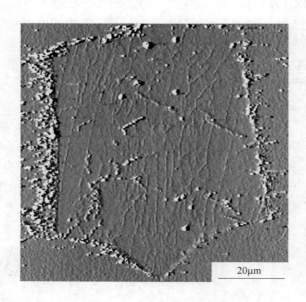

图 7-9 转移到 SiO_2 衬底上的石墨烯晶畴的 AFM 图像

样品直接在 1050℃刻蚀 30min，刻蚀气氛为 500sccm Ar 和 200sccm H_2 的混合气体。图 7-10 是跨过 Cu 晶界生长的石墨烯晶畴刻蚀后的光学显微镜图片，从图中可以看出，在石墨烯晶畴表面没有刻蚀条纹，而是出现了一些基本规则的六边形。这些六边形分布在不同区域石墨烯晶畴的表面上，其中包括跨过 Cu 晶界生

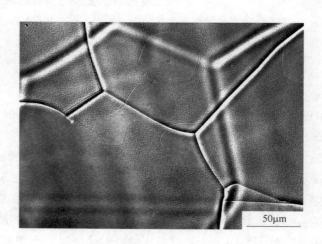

图 7-10 没有经过降温的石墨烯原位刻蚀 30min 后的光学显微镜图像

长的石墨烯晶畴。在 Cu 晶界处生长的石墨烯为悬浮石墨烯，与下面的 Cu 衬底之间存在一定间隙。而从图 7-10 可以看出在悬浮石墨烯上并没有出现刻蚀条纹，说明石墨烯的 H_2 刻蚀并不是由石墨烯和 Cu 衬底之间的间隙引起的。

7.6　降温速率对刻蚀条纹的影响

通过以上实验及其结果分析，可以得出结论：H_2 刻蚀石墨烯后，在石墨烯表面产生的刻蚀条纹是由石墨烯在降温过程中产生的褶皱发生氢化反应引起的。考虑到在不同的降温速率下，由于 Cu 和石墨烯的体膨胀系数不同而产生的褶皱的密度会有所差别，对不同降温速率的石墨烯样品进行 H_2 刻蚀时，刻蚀条纹的密度也会有所不同。下面通过实验来验证降温速率对 H_2 刻蚀石墨烯产生的刻蚀条纹的影响。图 7-11a 和 b 为不同降温速率的石墨烯晶畴经过 20min 的 H_2 刻蚀后的光学显微镜图片。图 7-11a 的降温速率为 10℃/s，图 7-11b 为 1℃/s。可以看出，图 7-11a 中石墨烯晶畴表面上的刻蚀条纹密度大于图 7-11b 中石墨烯表面的刻蚀条纹密度。由此，可以推断，降温速率对石墨烯上的刻蚀条纹有影响，降温速度快，产生的褶皱多，H_2 刻蚀后产生的刻蚀条纹密度大。

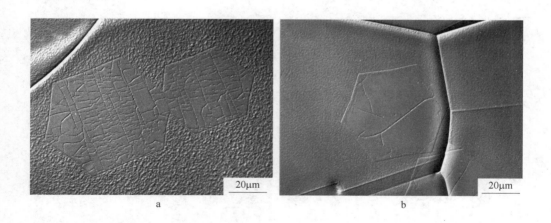

图 7-11　降温速率为 10℃/s(a) 和 1℃/s(b) 的石墨烯晶畴 H_2
刻蚀 20min 后的光学显微镜图像

7.7　石墨烯的 H_2 刻蚀过程及机理分析

为了进一步研究石墨烯的 H_2 刻蚀过程及机理，利用高分辨 SEM 拍摄了刻蚀过程中，石墨烯表面的形态变化。图 7-12a 是生长在抛光 Cu 衬底上的一个六角石墨烯晶畴经过 H₂ 刻蚀后的 SEM 图像，刻蚀时间为 15min。从图中能够清楚地看见石墨烯表面上的刻蚀条纹。测试后的石墨烯样品重新放回生长腔体内，再次升温至 950℃，继续进行 H₂ 刻蚀，刻蚀气氛为 500sccm Ar 和 200sccm H₂ 的混合气体，刻蚀时间为 45min。图 7-12b 和 c 是相同石墨烯晶畴经过 15min 和 60min 的 H₂ 刻蚀后刻蚀条纹区域的高分辨 SEM 图片。如图 7-12b 所示，在刻蚀条纹内观察到一些大小为 200nm 左右的纳米粒子。根据 J. Zhang 小组[10] 和 T. M. Paron-yan 小组[11] 的报道，以及 Fe 催化刻蚀石墨烯薄膜实验[12] 发现的 Fe-C 反应，能够确定图 7-12b 中的纳米粒子是 Cu-C 合金粒子。由于褶皱部分具有高的局部曲率以及存在较大的应力[13]，在 Cu 的催化作用下，褶皱部分能够加强氢化反应。

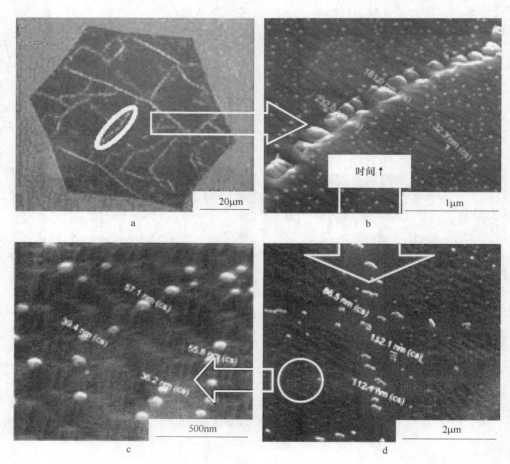

图 7-12　生长在 Cu 衬底上的六角形石墨烯晶畴经过 15min H₂ 刻蚀后的 SEM 图像(a)、石墨烯晶畴分别经过 15min 和 60min H₂ 刻蚀后刻蚀条纹区域的高分辨 SEM 图像 (b、c)，石墨烯晶畴经过 60min H₂ 刻蚀后没有褶皱区域的 SEM 图像 (d)

氢化反应由破坏褶皱部分的 C—C 键开始，然后一部分的 C 粒子吸附在 Cu 表面形成了 Cu-C 合金纳米粒子。随着刻蚀时间进一步增加到 60min，刻蚀条纹的宽度增加到约 $1\mu m$，而纳米粒子的大小减小到 100nm 左右，这是因为最开始形成的 Cu-C 合金纳米粒子随着刻蚀时间增加而分解，如图 7-12c 所示。同时，石墨烯表面没有褶皱的区域也发生了轻微的刻蚀现象，如图 7-12d 所示，能够看到大小在 50nm 左右的纳米粒子。这是由在石墨烯表面还存在大量的点缺陷，在点缺陷处发生刻蚀而引起的。随着石墨烯在褶皱和点缺陷处被刻蚀，越来越多的 Cu 暴露在 H_2 中，作为催化剂，导致了最后石墨烯被完全刻蚀掉。

利用 XPS 检测这些纳米粒子的组成成分。由于样品中的 Cu-C 合金纳米粒子的数量非常少，而且由于设备的 X 射线的光斑的尺寸为 1mm，导致测量误差较大。为了减少空气中吸附在 Cu 表面的 C 原子对测试结果的影响，在测量之前，对样品表面进行了 20s 的 Ar 清洗，以去除吸附在 Cu 表面的空气中的 C 原子。如图 7-13 所示，在 C1s 谱中，能量在 284.5eV 的峰对应 C-C 信号，另一个能量在 283eV 的较弱峰对应 C-Cu 信号。

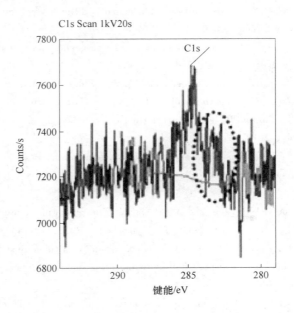

图 7-13　刻蚀后的石墨烯晶畴的 XPS 能谱

7.8　本章小结

本章研究了在抛光 Cu 衬底上制备的六角形石墨烯晶畴的 H_2 刻蚀现象，主要结果如下：

（1）观测到利用 CVD 方法在抛光 Cu 衬底上制备的六角石墨烯晶畴，在高温下能够被 H$_2$ 刻蚀，刻蚀后石墨烯表面出现网络状或平行状的刻蚀条纹，并且随着刻蚀时间增加，刻蚀条纹变密、变宽；

（2）通过 SEM 和 EBSD 测试，证明了刻蚀条纹的形态与 Cu 衬底面的晶向有关，与石墨烯晶畴的形状无关；

（3）通过对比实验，证明了石墨烯表面上的刻蚀条纹是由石墨烯上的褶皱在高温 H$_2$ 气氛下发生氢化反应引起的；

（4）通过 SEM 和 XPS 测试，分析了 H$_2$ 刻蚀石墨烯的过程。

通过这种以 H$_2$ 刻蚀石墨烯的办法，可以观察到石墨烯表面褶皱的分布与形态。

参 考 文 献

［1］ Bae S, Kim H, Lee Y, et al. Roll-to-roll production of 30-inch graphene films for transparent electrodes ［J］. Nat. Nano, 2010, 5: 574 ~ 578.

［2］ Li X, Cai W, An J, et al. Large-area synthesis of high-quality and uniform graphene films on copper foils ［J］. Science, 2009, 324: 1312 ~ 1314.

［3］ Huang P Y, Ruiz-Vargas C S, Van der Zande A M, et al. Grains and grain boundaries in single-layer graphene atomic patchwork quilts ［J］. Nature, 2011, 469: 389.

［4］ Lahiri J, Lin Y, Bozkurt P, et al. An extended defect in graphene as a metallic wire ［J］. Nat. Nanotechnol. , 2010, 5: 326 ~ 329.

［5］ Yu Q K, Jauregui L A, Wu W, et al. Control and characterization of individual grains and grain boundaries in graphene grown by chemical vapour deposition ［J］. Nat. Mater. , 2011, 10: 443 ~ 449.

［6］ Li X S, Magnuson C W, Venugopal A, et al. Graphene films with large domain size by a two-step chemical vapor deposition process ［J］. Nano Lett. , 2010, 10: 4328 ~ 4334.

［7］ Wang H, Wang G Z, Bao P F, et al. Controllable synthesis of submillimeter single-crystal monolayer graphene domains on copper foils by suppressing nucleation ［J］. J. Am. Chem. Soc. , 2012, 134: 3627 ~ 3630.

［8］ Li X S, Magnuson C W, Venugopal A, et al. Large-area graphene single crystals grown by low-pressure chemical vapor deposition of methane on copper ［J］. J. Am. Chem. Soc. , 2011, 133: 2816 ~ 2819.

［9］ Zhang Y, Li Z, Kim P, et al. Anisotropic hydrogen etching of chemical vapor deposited graphene ［J］. Acs Nano, 2012, 6: 126 ~ 132.

［10］ Zhang J, Hu P A, Wang X N, et al. Structural evolution and growth mechanism of graphene domains on copper foil by ambient pressure chemical vapor deposition ［J］. Chem. Phys. Lett. , 2012, 536: 123 ~ 128.

[11] Paronyan T M, Pigos E M, Chen G G, et al. Formation of ripples in graphene as a result of interfacial instabilities [J]. Acs Nano, 2011, 5: 9619~9627.

[12] Datta S S, Strachan D R, Khamis S M, et al. Crystallographic etching of few-layer graphene [J]. Nano Lett., 2008, 8: 1912~1915.

[13] Zhu W J, Low T, Perebeinos V, et al. Structure and electronic transport in graphene wrinkles [J]. Nano Lett., 2012, 12: 3431~3436.

8　CVD 石墨烯晶畴的边缘刻蚀现象研究

8.1　研究背景

　　石墨烯独特的结构使其具有优异的物理、化学性能[1,2]，近年来，石墨烯在光电子器件[3,4]等领域受到了广泛的关注。石墨烯的合成条件[5,6]、刻蚀技术[7,8]及石墨烯的表面改性[9]等对石墨烯基电子器件的性能有着重要的影响。目前，在石墨烯的合成方面，利用 CVD 法在 Cu 衬底上能够合成大面积、均匀、高质量的单层石墨烯薄膜[10,11]。

　　实验证明，在 Cu 衬底上利用 CVD 法制备石墨烯的降温过程对石墨烯的质量有着不可忽略的影响：在降温过程中持续通入 CH_4 能够影响石墨烯的成核密度和晶畴尺寸[12]；由于石墨烯和 Cu 衬底的体膨胀系数不同，石墨烯在降温过程中能够产生大量的褶皱结构，利用 H_2[13,14]和 O_2[15]对石墨烯晶畴进行刻蚀，能够观察到褶皱的形貌和密度分布。G. H. Han[16]等经过研究发现在 CVD 的降温过程中，Cu 衬底的表面会发生重构现象，形成许多的条纹结构，这种条纹结构对石墨烯表面褶皱的形成具有一定的影响。Lu[17]等经过研究发现在制备 CVD 石墨烯的降温过程中，随着降温速率的不同，Cu 衬底的表面形态会发生变化。

　　但是，关于降温过程对石墨烯晶畴边缘影响的报道还很有限。B. Wang[18]等在最近的研究中，通过对石墨烯晶畴进行 H_2 刻蚀，发现在 CVD 的降温过程中，石墨烯晶畴的边缘形态发生了重要的改变：在降温过程中，石墨烯晶畴的边缘弯曲下沉到铜衬底中，因此，在对石墨烯晶畴进行 H_2 刻蚀时（1000℃以下），石墨烯晶畴的边缘由于受到铜衬底的保护而没有被刻蚀。他们通过对石墨烯晶畴进行 H_2 刻蚀，揭示了 CVD 的降温过程中，石墨烯晶畴边缘的形态改变过程，同时也阐明了刻蚀温度对石墨烯晶畴边缘刻蚀的重要影响。

8.2　实验过程

　　制备石墨烯之前，首先对 Cu 箔进行电化学机械抛光，降低 Cu 箔表面的粗糙度，这样有利于降低石墨烯成核点的密度。然后将 Cu 箔裁成 2cm × 2cm 的正方形作为衬底，放入生长室内，在 1000sccm 高纯 Ar 下升温至 1050℃，然后通入

200sccm 高纯 H_2 对 Cu 衬底进行退火，退火时间为 60min。退火完成后，制备石墨烯晶畴，制备条件为 1000sccm Ar，10sccm H_2，1sccm CH_4，时间为 40min，然后在 Ar 气氛下自然降温至室温。石墨烯晶畴的 H_2 刻蚀条件（刻蚀时间、温度、气体流量比等）在下面的讨论中详细给出。

8.3　石墨烯晶畴 H₂ 刻蚀的两种模式

以 Cu 箔为衬底制备 CVD 石墨烯晶畴，图 8-1a 为制备的六角形石墨烯晶畴的 SEM 图像，从图中可以观察到石墨烯晶畴的大小为 50μm 左右，晶畴表面光滑平坦，并且六角形石墨烯晶畴的每一条边都是直的（如图中虚线所示）。图 8-1b 所示为在石墨烯晶畴区域（A 点位置）测试得到的拉曼光谱，从拉曼光谱中能够看出石墨烯的特征峰 2D 峰与 G 峰的比值 $I_{2D}/I_G > 2$，说明所制备的石墨烯晶畴具有较高的结晶度，并且为均匀的单层石墨烯晶畴，而代表石墨烯缺陷密度的 D 峰（1350cm⁻¹附近）可以忽略，说明所制备的石墨烯晶畴缺陷密度非常小。相比之下，在石墨烯晶畴边缘（B 点位置）测得的拉曼光谱，如图 8-1c 所示，观察到一个非常明显的 D 峰信号，说明石墨烯晶畴的边缘存在大量的缺陷，同时，I_{2D} 与 I_G 的比值减小，说明在石墨烯晶畴的边缘，石墨烯的结晶程度有所下降。

石墨烯晶畴的 H_2 刻蚀分为两种，一种是石墨烯晶畴生长完成后不降温，直接在 1050℃ 条件下刻蚀 30min，如图 8-1d 所示（样品 I）。另一种刻蚀是石墨烯晶畴生长完成后自然降温至室温，然后再升温到 950℃ 刻蚀 30min，如图 8-1e 所示（样品 II）。H_2 刻蚀的条件为常压下 200sccm H_2 和 500sccm Ar。图 8-1d 为样品 I 的 SEM 图像，从图中能够清晰地看出石墨烯表面被刻蚀出尺寸为 2μm 左右的六角形结构，这是由于石墨烯表面的缺陷处发生 H_2 刻蚀的结果[19]。图 8-1d 中石墨烯晶畴最明显的变化是其边缘发生 H_2 刻蚀，由于刻蚀速率不同（顶角处的刻蚀速率较大），六角形的每一条直边都被刻蚀成弧线形貌（如弧形虚线所示），石墨烯晶畴从六角形被刻蚀成椭圆形，并且晶畴尺寸减小。图 8-1e 为样品 II 的 SEM 图像，从图中能够清晰地观察到在六角形石墨烯晶畴表面出现了一些刻蚀条纹，条纹很细并且密度不大，这些条纹被证明是由石墨烯表面的褶皱结构被 H_2 刻蚀所引起的，从图中还可以观察到六角形石墨烯晶畴的每条边仍然保持原来的直线形貌（如虚线所示），并且石墨烯晶畴的大小没有变化（50μm 左右），石墨烯晶畴的边缘没有发生 H_2 刻蚀。

图 8-1f 为样品 I 和样品 II 生长和刻蚀的流程示意图，由于刻蚀过程的不同，样品 I 的边缘发生 H_2 刻蚀，六边形晶畴被刻蚀成椭圆形，晶畴表面刻蚀出小的六边形。作为对比，样品 II 的晶畴形状在刻蚀后仍然保持六边形，晶畴表面刻蚀出条纹结构。综上所述，由于两种样品的刻蚀过程不同，导致了石墨烯晶畴不同

的刻蚀形态，说明在 CVD 的降温和再升温过程中，石墨烯晶畴发生了一定的变化。

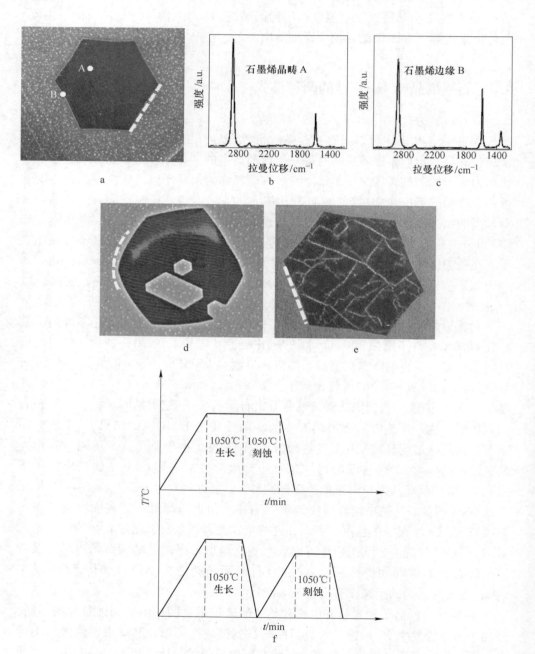

图 8-1　石墨烯晶畴的 SEM 图像，拉曼光谱以及两种刻蚀模式的流程示意图

8.4 影响边缘刻蚀因素分析

作为对比，对具有锯齿边缘形貌的石墨烯晶畴也进行了 H_2 刻蚀研究。这种石墨烯晶畴同样经历了降温和再升温过程。刻蚀条件与样品 II 相同。如图 8-2 所示，为锯齿边缘石墨烯晶畴 H_2 刻蚀后的 SEM 图像。从图像能够看见晶畴表面刻蚀出的条纹结构，但是锯齿状的边缘并没有发生刻蚀（如虚线区域所示），说明石墨烯晶畴的边缘刻蚀与其边缘形态没有关系。

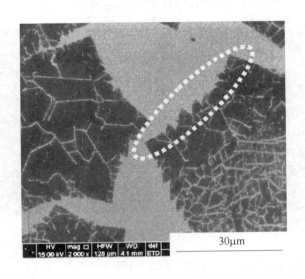

图 8-2　锯齿边缘石墨烯晶畴 H_2 刻蚀后的 SEM 图像

石墨烯晶畴表面的刻蚀条纹已经被证明是由于石墨烯表面的褶皱结构被 H_2 刻蚀后所产生的，刻蚀条纹的密度和形状被证明是与 Cu 衬底的晶向有关。那么石墨烯晶畴的边缘刻蚀是否与 Cu 衬底的晶向有关？图 8-3a 为不同晶向的 Cu 衬底上制备的石墨烯晶畴 H_2 刻蚀后的光学显微镜图像。利用 SEM 进一步观察，晶畴 A 上刻蚀条纹为条纹状形貌，如图 8-3b 所示，晶畴 B 上刻蚀条纹为网络状形貌，如图 8-3c 所示。但是，无论对于晶畴 A 或者晶畴 B，都没有出现边缘刻蚀现象，说明石墨烯晶畴的边缘刻蚀与 Cu 衬底的晶向是没有关系的。

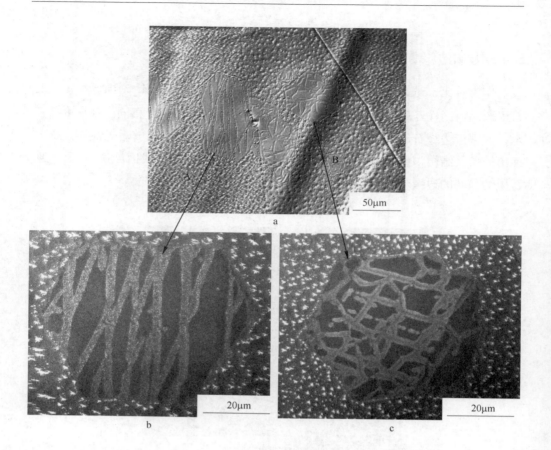

图 8-3　不同晶向的 Cu 衬底上制备的石墨烯晶畴 H_2 刻蚀后的光学

显微镜图像(a)和 SEM 图像(b、c)

8.5　刻蚀温度和刻蚀时间对石墨烯晶畴 H_2 刻蚀的影响

　　下面研究刻蚀温度和刻蚀时间对石墨烯晶畴 H_2 刻蚀的影响，刻蚀的气体流量仍然为 200sccm H_2 和 500sccm Ar。

　　首先，研究刻蚀时间对石墨烯 H_2 刻蚀的影响。改变石墨烯晶畴 H_2 刻蚀的时间为 30min、120min 和 240min，刻蚀温度为 200℃。图 8-4a～c 为石墨烯晶畴经过不同 H_2 刻蚀时间的光学显微镜图像，当刻蚀时间为 30min 时，晶畴表面出现无规则的较细的刻蚀条纹，随着刻蚀时间增加到 120min，晶畴表面的刻蚀条纹没有发生明显的变化。当刻蚀时间进一步增加到 240min 的时候，刻蚀条纹的密度和宽度相比 30min 的时候有着明显的增加。

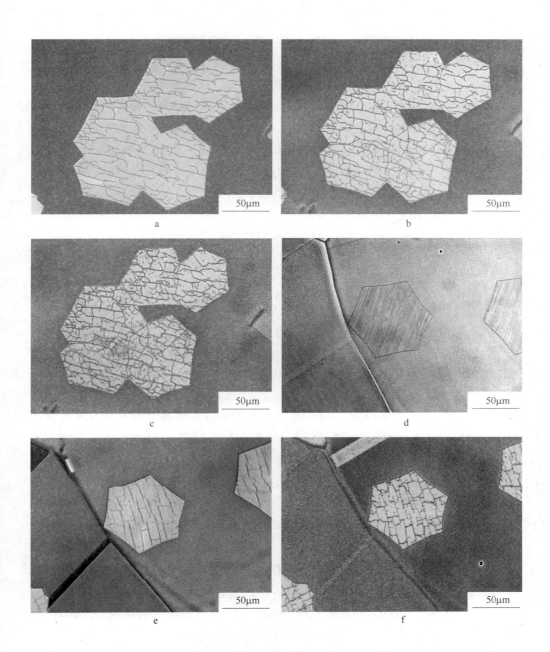

图 8-4 石墨烯晶畴经过不同 H₂ 刻蚀时间的光学显微镜图像（a～c）和不同刻蚀温度下
石墨烯晶畴的光学显微镜图像（d～f）

a—200℃，30min；b—200℃，120min；c—200℃，240min；d—10min，100℃；
e—10min，500℃；f—100min，950℃

接下来，研究了刻蚀温度（100℃、500℃和950℃）对石墨烯晶畴 H_2 刻蚀的影响，刻蚀时间为 10min。如图 8-4d ~ f 所示，当刻蚀温度为 100℃时，在晶畴表面并没有出现明显的刻蚀条纹，当刻蚀温度增高到 500℃时，晶畴表面出现了大量的刻蚀条纹，造成了晶畴表面的不完整性。当刻蚀温度进一步增高到 950℃时，之前刻蚀条纹的宽度大幅增加，并且出现了许多新的刻蚀条纹。从这两组实验的对比中能够看出，当刻蚀条件为（950℃，10min）时的刻蚀结果与之前的（200℃，240min）时的刻蚀结果相似，说明，刻蚀温度对石墨烯晶畴 H_2 刻蚀的影响要大于刻蚀时间，因此，可以看出石墨烯晶畴的边缘刻蚀受刻蚀温度的影响较大。

8.6　石墨烯边缘刻蚀分析

8.6.1　温度引起的边缘刻蚀

为了证明这一点，将样品 Ⅱ 的刻蚀温度进一步提高以研究石墨烯的边缘刻蚀。当温度高于 1000℃时，石墨烯的 H_2 刻蚀速度较快，比较难以控制，因此，将刻蚀的气体流量由 200sccm H_2 和 500sccm Ar 改为 20sccm H_2 和 500sccm Ar，刻蚀温度提高到 1000℃，刻蚀时间为 10min 和 15min。图 8-5a ~ c 为刻蚀的石墨烯晶畴的光学显微镜图像，从图中能够看出，H_2 刻蚀发生在石墨烯晶畴的褶皱处和晶畴边缘。如图 8-5b 所示，一个独立的六角形石墨烯晶畴沿着垂直于其边缘的方向向内发生 H_2 刻蚀，刻蚀的距离为 ΔL，晶畴边缘保持直线形貌，晶畴表面出现少量刻蚀条纹。如图 8-5a 所示，相连的石墨烯晶畴表现出相同的边缘刻蚀现象，尽管晶畴表面刻蚀条纹的形貌不同。图 8-5c 为石墨烯晶畴 H_2 刻蚀 15min 后的光学显微镜图像，晶畴边缘向内刻蚀的程度大大增加，导致了类似于石墨烯的岛状形貌。这些刻蚀结果与样品 Ⅰ 的刻蚀结果（如图 8-5d 所示，弧形的边缘，内部刻蚀的小六边形）具有明显的区别。图 8-5e 和 f 分别为这两种刻蚀模式的示意图。对于生长完降温再升温的样品（样品 Ⅱ），当刻蚀温度为 1000℃时，石墨烯晶畴边缘的刻蚀方向垂直于相应的边，并且有着相同的向内的刻蚀速率，如图 8-5e 中箭头所示，因此，样品 Ⅱ 的石墨烯晶畴保持着六边形的形状。作为对比，生长完直接刻蚀的样品（样品 Ⅰ），其每条边向内的刻蚀是各向异性的，每个方向之间有一定的间隔角度，如图 8-5f 中箭头所示。另外，六边形每个角的刻蚀速率大于每条边的刻蚀速率，因此，六边形的石墨烯晶畴被刻蚀成椭圆形。由上面的分析得出，尽管石墨烯晶畴具有不同的边缘刻蚀模式，但是，其都受到刻蚀温度的影响。

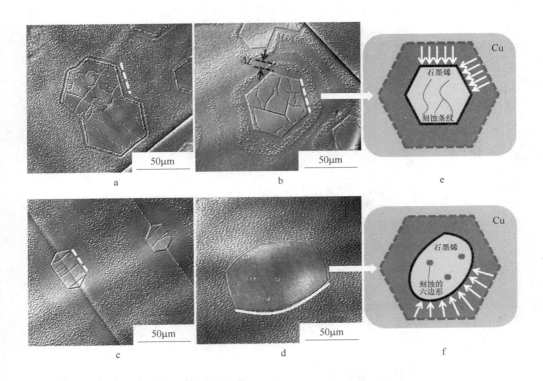

图 8-5 两种刻蚀模式下石墨烯晶畴的 SEM 图像以及刻蚀模式示意图

8.6.2 边缘刻蚀的 AFM 分析

利用 AFM 对样品进行测试分析，阐明了在降温过程中，石墨烯晶畴边缘的形态改变。如图 8-6a 所示，为生长在 Cu 衬底上的六角形石墨烯晶畴的 AFM 图像，深褐色的六边形的边缘说明石墨烯晶畴的边缘下沉到 Cu 衬底中。在石墨烯晶畴的边缘，沿着 AB 和 CD 方向测试到一个向下的弯曲信号，图 8-6b 为 AFM 的高度图像。这个向下弯曲的信号进一步证明了石墨烯晶畴的边缘下沉到了 Cu 衬底中，下沉的深度约为 15nm。另外，沿着 CD 方向测试到一个向上凸起的信号，如图 8-6b 中箭头所示，这是由在石墨烯晶畴的边缘聚集的 Si 纳米粒子所引起的。文献[20,21]报道了在石墨烯的生长过程中，其边缘向下弯曲进入 Cu 衬底（<1nm）。单层的石墨烯具有一个负的体膨胀系数，室温下为 $-8 \times 10^{-6} \mathrm{K}^{-1}$，0～300K 的时候为 $-4.8 \times 10^{-6} \mathrm{K}^{-1}$，而 Cu 的体膨胀系数为 $17.5 \times 10^{-6} \mathrm{K}^{-1}$。在 CVD 的降温过程中，石墨烯膨胀，Cu 衬底收缩，这增强了石墨烯晶畴边缘的弯曲程度，导致了石墨烯晶畴的边缘最终下沉到 Cu 衬底中。沉入到 Cu 衬底中的碳原子被收缩的

Cu 原子保护起来，导致在 950℃时，样品 Ⅱ 中石墨烯晶畴的边缘没有发生 H₂ 刻蚀。作为对比，样品 Ⅰ 中石墨烯晶畴没有经过降温过程，其晶畴边缘没有下沉到 Cu 衬底中，边缘的 C 原子受到 Cu 原子的保护较弱，因此，样品 Ⅰ 中石墨烯晶畴的边缘发生 H₂ 刻蚀。图 8-6c 和 d 为石墨烯晶畴 AFM 测试的 3D 图像，其中图 8-6d 有一个 50°的旋转角度。从图 8-6d 能够清晰地看见石墨烯晶畴的边缘下沉到 Cu 衬底中，为上面的分析提供了直接的可视的证据。

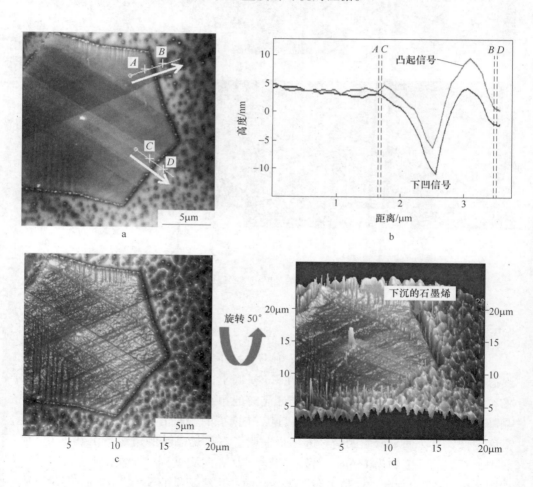

图 8-6　石墨烯晶畴的 AFM 图像

8.7　石墨烯晶畴在降温和刻蚀过程中的形态变化

图 8-7 为在降温和刻蚀过程中，石墨烯晶畴全部的形态变化示意图。如图

8-5a 所示，一方面，CH$_4$ 分解出的 C 原子首先沉积在 Cu 衬底上形成石墨烯晶畴，并且石墨烯晶畴的边缘在生长过程中向 Cu 衬底弯曲。生长过程结束后，当石墨烯晶畴在 1050℃ 直接进行 H$_2$ 刻蚀时，刻蚀发生在晶畴表面的点缺陷处以及晶畴的边缘，导致了晶畴表面出现刻蚀的小的六边形形貌，并且石墨烯晶畴被刻蚀成椭圆形，如图 8-7b 所示。另一方面，生长过程结束后，当石墨烯降温到室温时，在石墨烯晶畴表面形成了褶皱结构，并且晶畴的边缘弯曲下沉到 Cu 衬底中。当对石墨烯晶畴再升温进行 H$_2$ 刻蚀时，图 8-7c 阐明了刻蚀温度的不同对刻蚀结果的影响。当刻蚀温度为 950℃ 时，H$_2$ 刻蚀主要发生在石墨烯晶畴表面的褶皱处，发生在点缺陷位置的刻蚀不是特别明显。这样在石墨烯晶畴表面出现了形态密度不同的刻蚀条纹，如图 8-7d 所示。当刻蚀温度提高到 1000℃ 时，Cu 衬底的膨胀和升华现象相比 950℃ 时较为强烈，弯曲下沉到 Cu 衬底被 Cu 原子保护起来的 C 原子再次暴露在 H$_2$ 气氛中，导致 Cu 原子对 C 原子的保护作用减弱，因此，石墨烯晶畴的边缘发生 H$_2$ 刻蚀，如图 8-7e 所示。

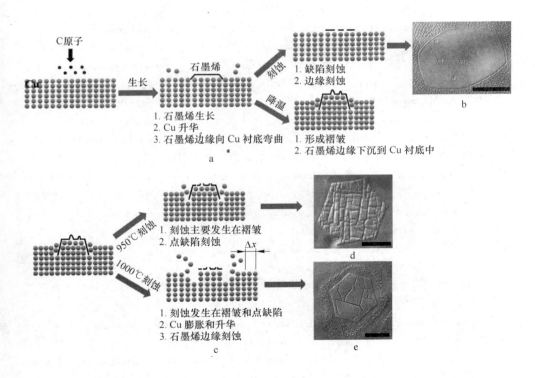

图 8-7　降温和刻蚀过程中，石墨烯晶畴全部的形态变化示意图

参 考 文 献

［1］ Bolotin K I, Ghahari F, Shulman M D, et al. Observation of the fractional quantum hall effect in graphene ［J］. Nature, 2009, 462: 196～199.

［2］ Castro Neto A H, Guines F, Peres N M R, et al. The electronic properties of graphene ［J］. Rev. Mod. Phys., 2009, 81: 109～162.

［3］ Liu C H, Chang Y C, Norris T B, et al. Graphene photodetectors with ultra-broadband and high responsivity at room temperature ［J］. Nat. Nanotechnol., 2014, 9: 273～278.

［4］ Raccichini R, Varzi A, Passerini S, et al. The role of graphene for electrochemical energy storage ［J］. Nat. Mater., 2015, 14: 271～279.

［5］ Wang H, Wang G Z, Bao P F, et al. Controllable synthesis of submillimeter single-crystal monolayer graphene domains on copper foils by suppressing nucleation ［J］. J. Am. Chem. Soc., 2012, 134: 3627～30.

［6］ Lee K, Ye J. Significantly improved thickness uniformity of graphene monolayers grown by chemical vapor deposition by texture and morphology control of the copper foil substrate ［J］. Carbon, 2016, 100: 1～6.

［7］ Campos L C, Manfrinato V R, Sanchez-Yamagishi J D, et al. Etching and nanoribbon formation in single-layer graphene ［J］. Nano Lett., 2009, 9: 2600～2604.

［8］ Cheng G J, Calizo I, Angela R. Hight Walker Metal-catalyzed etching of graphene governed by metal～carbon interactions: A comparison of Fe and Cu ［J］. Carbon, 2015, 81: 678～687.

［9］ Wang H B, Xie M S, Thia L, et al. Strategies on the design of nitrogen-doped graphene ［J］. J. Phys. Chem. Lett., 2014, 5: 119～125.

［10］ Li X S, Magnuson C W, Venugopal A, et al. Graphene films with large domain size by a two-step chemical vapor deposition process ［J］. Nano Lett., 2010, 10: 4328～4334.

［11］ Luo B R, Chen B Y, Meng L, et al. Layer-stacking growth and electrical transport of hierarchical graphene architectures ［J］. Adv. Mater., 2004, 26: 3218～3224.

［12］ Choi D S, Kim K S, Kim H, et al. Effect of cooling condition on chemical vapor deposition synthesis of graphene on copper catalyst ［J］. Acs Appl. Mater. Inter., 2014, 6: 19574～19578.

［13］ Wang B, Zhang Y H, Zhang H R, et al. Wrinkle-dependent hydrogen etching of chemical vapor deposition-grown graphene domains ［J］. Carbon, 2014, 70: 75～80.

［14］ Zhang H R, Zhang Y H, Wang B, et al. Stripe distributions of graphene-coated Cu foils and their effects on the reduction of graphene wrinkles ［J］. RSC Adv., 2015, 5: 96587.

［15］ 王彬, 李成程, 孟婷婷, 等. 化学气相沉积法制备石墨烯晶畴的氧气刻蚀现象研究 ［J］. 人工晶体学报, 2017, 46 (6): 1122～1125.

［16］ Han G H, Gunes F, Bae J J, et al. Influence of copper morphology in forming nucleation seeds for graphene growth ［J］, Nano Lett., 2011, 11: 4144～4148.

［17］ Lu A Y, Wei S Y, Wu C Y, et al. Decoupling of CVD graphene by controlled oxidation of recrystallized Cu ［J］. RSC Adv., 2012, 2: 3008～3013.

［18］ Wang B, Wang Y W, Wang G Q, et al. Influence of cooling-induced edge morphology evolu-

tion during chemical vapor deposition on H$_2$ etching of graphene domains ［J］. RSC Adv. ,
2019, 9: 5865 ~ 5869.

［19］ Zhang Y, Li Z, Kim P, et al. Anisotropic hydrogen etching of chemical vapor deposited gra-
phene ［J］. ACS Nano, 2012, 6 (1): 126 ~ 132.

［20］ Gao J F, Zhao J J, Ding F. Transition metal surface passivation induced graphene edge recon-
struction ［J］. J. Am. Chem. Soc. , 2012, 134: 6204 ~ 6209.

［21］ Zhang X Y, Wang L, Xin J, et al. Role of hydrogen in graphene chemical vapor deposition
growth on a copper surface ［J］. J. Am. Chem. Soc. , 2014, 136: 3040 ~ 3047.